藏式服装创意设计

张正学　主编

中国纺织出版社有限公司

PREFACE
序

　　藏族服饰文化源远流长，多姿多彩，独具魅力，在我国民族服饰宝库中散发着耀眼的光芒。我们作为北京服装学院的教师，有幸参与了自2017年开始对西藏职业技术学院的援教工作，面对着五彩斑斓的藏族服饰，面对着西藏职业技术学院学生们对服装知识渴望的眼神，在与北京服装学院的各级领导、同事们一起完成七年援教计划中，不由自主地产生了编写这本《藏式服装创意设计》一书的初衷。

　　随着援教工作的不断深入，2018年，两校教师联袂举办了雪顿节大型藏族服装展演——"净美雪顿·美好生活"西藏民族服装与服饰展演，并获得巨大成功。在这次展演中，我院设计师们共设计出具有藏族服饰特色的创新服装46套，既传承了藏族服饰深厚的文化底蕴，又在材料运用、服装功能、服装廓型和色彩搭配等方面大胆创新，让藏族服饰更具时代魅力并焕发出勃勃生机，实现了创新理念和现代服装生产技术的完美结合。

　　面对藏族服饰鲜明的地域特色，独特的民族风情、多彩的穿着样式及瑰丽的服饰搭配，所有来到西藏的人们不禁心生感动！诚然，如此美丽的藏族服饰文化需要保护与传承。然而，最好的保护与传承就是深度了解、认识、挖掘、整理，并进一步结合当代生活需求，赋予其时代特征，合理创新变化，让藏族服饰走向世界，让藏族文化永续传承。

　　创新是引领发展的第一动力。唯改革者进，唯创新者强，唯改革创新者胜。没有变化的服装是不可能长期存在的，而任何的变化创新一定要符合原有服饰文化的审美和需求。"问渠哪得清如许，为有源头活水来。"在这一次的创新设计过程中，设计团队克服高海拔地区带来的不良反应，多次深入西藏腹地进行田野考察，在了解服装样式的同时，更加细致地去了解当地的人文、气候以及地理环境，探寻传统的手工技术和搭配习惯，在理解和感受中去体会藏族服饰所传达的民族气质、服饰特色和深厚的藏族文化内涵，进而依据这样的感受去设计符合藏族服饰风格的创新藏式服装。

　　藏式服装创意设计，凝聚了设计师对藏族服饰美的变化运用，设计团队结合了当代服装设计中的新美学、新工艺、新功能理念，把传统样式与新科技材料、新面料再造、新服饰穿着理念有机结合，呈现出更加现代、舒适、方便的藏式服装。

这样的创意设计，为民族服装的保护与传承提供了现实的参考，民族服装的创新设计，一直是民族服装发展的研究方向，也是广大传统民族服饰爱好者们关注的重点。在进行创意设计的过程中，需要设计师们妥善解决继承与创新的问题，推敲思量的不只是造型与色彩，而是民族服饰中蕴含的灵魂要义，藏族服装气势磅礴、色彩艳丽、形制完整、穿着自由……这些特色都需要很好地保留与传承。

本书呈现了参与此次设计的八位设计师作品，并将设计的心路历程进行了分享。他们将自己的设计灵感、思维过程、创新技巧以及服装制作过程逐一解读，这是服装设计过程的原始记录，是非常好的设计师创作笔记，也是设计创新思维的展示，更是民族服饰创新设计方法的交流。相信此书的出版发行对喜爱藏族服饰的读者有较好的启发与借鉴意义，也可以作为大中专院校服装设计专业的选学教材。

在本书的编写过程中，得到多方鼎力相助。感谢北京服装学院和西藏职业技术学院各级领导的支持，为我们深入西藏调查研究和创新设计创造了条件；感谢苏步老师倾力拍摄与创作，才使服装效果得以更好地呈现；感谢所有参与设计、分享自己设计理念的老师们，正是因为你们的付出，才使本书的编写工作顺利完成。

由于对藏族服饰文化的研究不够深入，加之编写时间仓促，不足之处在所难免，诚恳广大读者批评、指正。

编者

2024年1月30日

主创人员

张正学

北京服装学院 ｜ 副教授

研究方向
针织服装设计
藏族服装设计

刘 卫

北京服装学院 ｜ 教授

研究方向
服装艺术设计理论与实践

钟 鸣

北京服装学院 ｜ 副教授

研究方向
针织服装设计
服饰文化创新设计
服装设计与管理

常卫民

北京服装学院 ｜ 副教授

研究方向
服装结构工艺设计
藏传佛教僧侣服饰文化

周绍恩

北京服装学院 ｜ 副教授

研究方向

功能性服装设计与运动服装文化

功能性艺术设计和可持续性时尚设计

运动服装色彩设计研究与应用

苏　步

孙雪飞

北京服装学院 ｜ 教授

研究方向

可持续性时尚设计

传统文化传承与创新设计

可穿戴产品设计

尤　珈

北京服装学院 ｜ 副教授

研究方向

传统文化创新

女装设计

大型活动服装设计

CONTENTS

CONTENTS

目录

张正学

—

北京服装学院 ｜ 副教授

研究方向
针织服装设计
藏族服装设计

在西藏建筑中吸收设计灵感

当我站在藏式建筑脚下，恢宏的白色墙体呈现梯形的造型，藏红色的墙檐呈梯形阶梯状逐层向上延伸，整齐的黑色窗边轮廓也是梯形的，像黑珍珠镶嵌在白色的墙壁上，仿佛蕴藏着神秘感人的故事。

建筑的色彩和肌理成为设计的主要灵感元素。服装的色彩和面料肌理模拟建筑的特征。

从藏族服装样式、图案中获取灵感

在建筑彩绘图案和藏族服饰图案中，经常出现吉祥结和莲花图案，这些可作为设计灵感元素。此外，可以从服装样式中获取灵感，如扎扎服装中姆奈内袍的反面贴边正穿特色，山南地区的贡布长马甲，藏北地区的袍服，拉萨的女士背心式长裙和单裙。

服装的色彩主要提取藏式建筑中的红白两色，服装的造型则以建筑中的方形、矩形和梯形进行变化组合，再将传统服装的平面结构向立体结构转化。

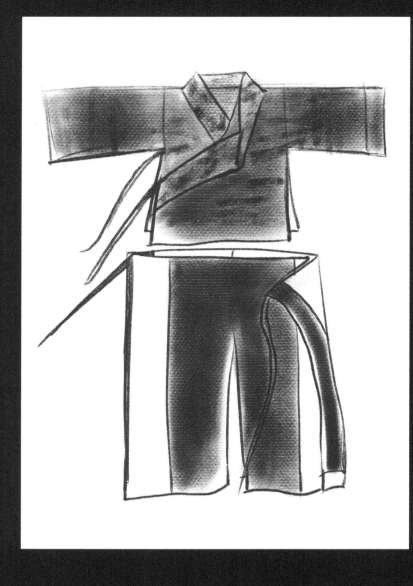

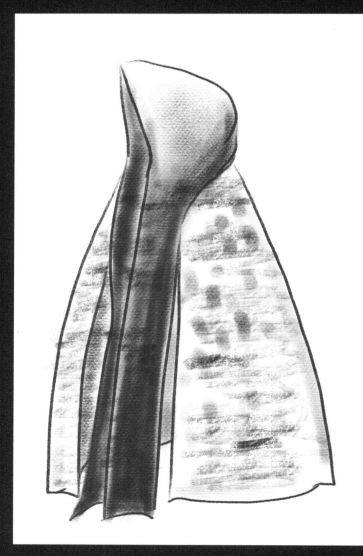

织物图案设计

织物采用羊毛缩绒纱线、多色提花工艺，以莲花和吉祥结图案进行四方连续设计。在提花过程中，在吉祥结的底纹图案中加入底色纱线混提，模糊吉祥结的边缘，使图案在色彩上具有空间层次感。织物后整理采用缩绒工艺，面料更加厚重紧实，具有很好的抗寒性。

5a0d11　　691218　　891d20　　992124

织物选用羊毛纱线，利用羊毛缩绒特性，采用相近颜色的麻纱线混织提花，织物提花后经过洗缩后整理，羊毛纱线缩短，麻纱线长度不变，形成自然凸起，与建筑肌理很相似，丰富了织物的表面效果。

针织套头衫图案采用针织编织工艺中的横织竖用工艺，从一侧袖口一直织到另一侧袖口，适合工业设备编织宽度，实现服装易生产、易穿脱的设计。针织套头衫搭配传统氆氇面料手工缝制女式藏裙。

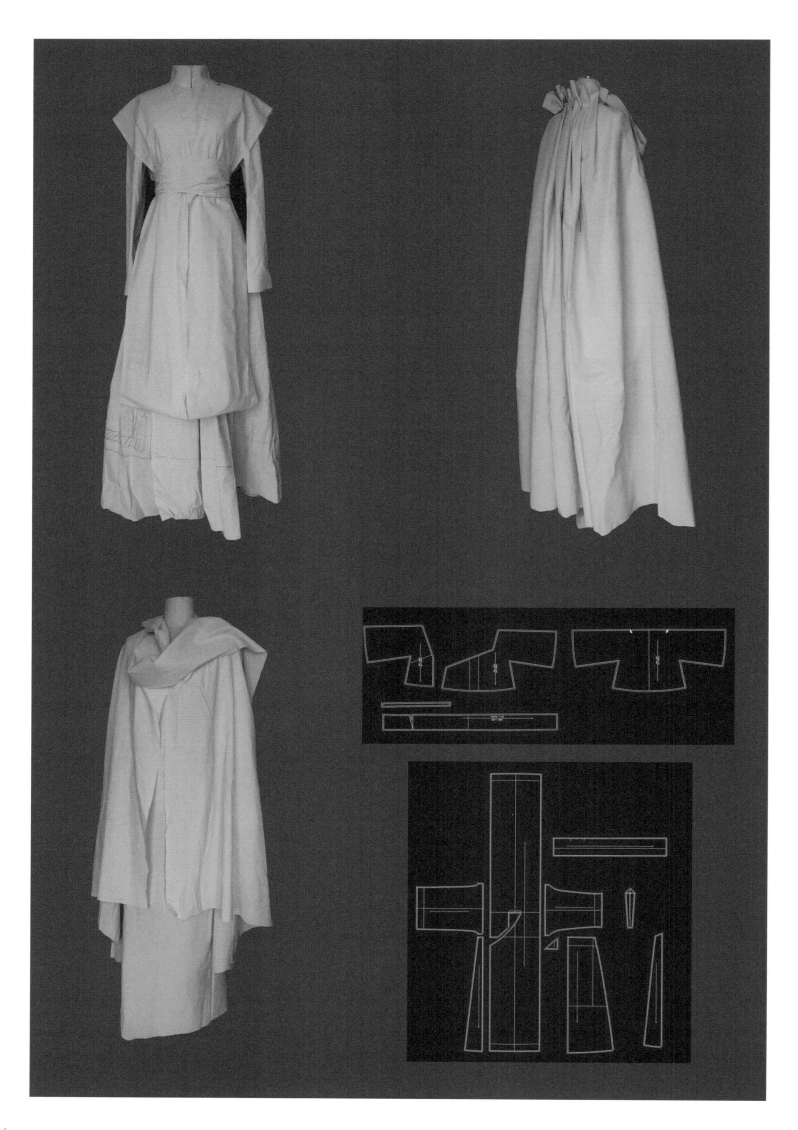

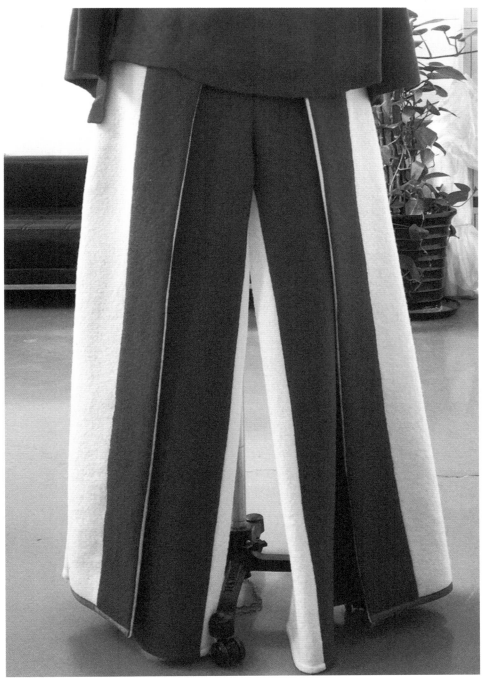

服装结构设计

创新针织裤装，源于藏族女性比较常穿的半裙，其裹叠的穿法可使一块方布适合不同身材的女性穿着。传统藏裙多将系带围于后腰，在后腰交叉后再系于前侧，而此裤装则将富余布料在前方交叉，更具有现代裤装的洒脱感。

面料采用纯羊毛针织缩绒面料，具有很好的肌理感和保暖性，同时针织面料的弹性赋予裤装很好的悬垂感。

藏式改良女袍，结合西式女装裁剪结构，将胸腰部做直线分割，加入省量，在裙部加入较大叠褶量，形成袍裙下摆花瓣式曲线，更加突出女性曲线美。红白面料拼接可较好地缓解整件衣服的沉闷感，白色部分选用羊毛针织缩绒面料，柔软且有弹性，穿着者走动时自由摆动，如摇曳的花朵。

藏地手编氆氇　面料

针织纯羊毛缩绒面料

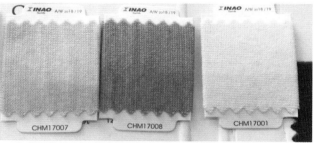

针织纯羊毛缩绒纱线色卡

整体服装面料选择纯羊毛系列面料，藏袍采用藏地手工氆氇面料与现代机织羊毛缩绒面料。电脑提花针织物的纱线选用羊毛缩绒纱线和麻纱线混织。

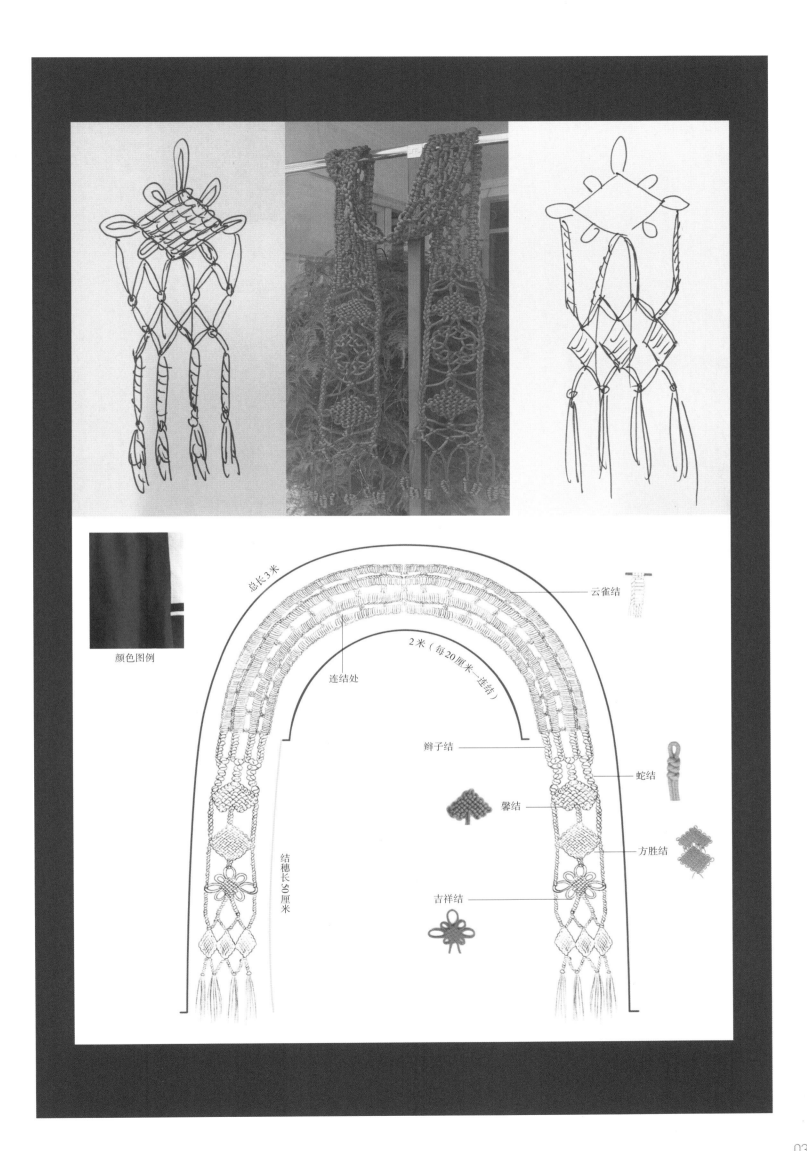

颜色图例

总长3米

云雀结

2米（每20厘米一连结）

连结处

辫子结

蛇结

馨结

方胜结

结穗长50厘米

吉祥结

藏袍内搭针织衫，下配鞋靴，结合藏族服装特点进行创新设计。靴面先选用藏地羊毛毡，再运用缩绒工艺做成鞋型，用皮革包厚底做出高水台鞋样，使鞋靴具有很好的保温防寒效果。藏袍设计在传统廓型基础上，加入富有建筑感的宽贴边、宽领边设计细节，使服装廓型更加硬朗。

刘 卫一

北京服装学院 ｜ 教授

研究方向
服装艺术设计理论与实践

设计经历
中华人民共和国成立70周年庆典活动群众游行服装主创设计师

获得荣誉
中国十佳服装设计师

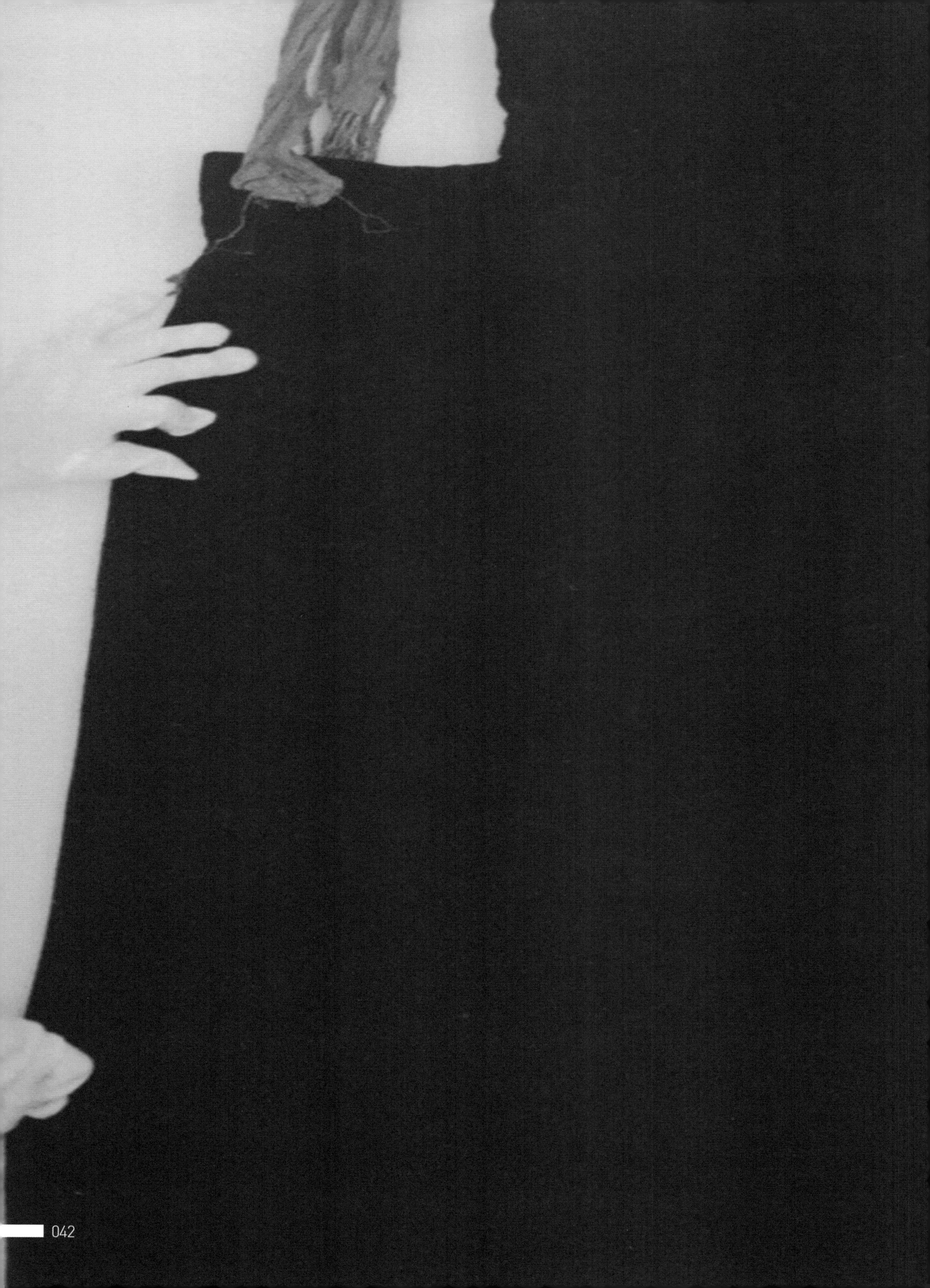

我的服装设计创作源于藏族服饰的田野考察

以及藏袍服装结构研习过程中的一些收获和感悟。

藏族服饰有一种自然、质朴的原始美，

藏族服装结构简单实用，

廓型分明、宽松大气，

形态变化丰富、无拘无束，

蕴含着中华传统造物文化中敬物尚俭的普世价值和崇尚自然的美学，

它深深打动了我，

我在设计中汲取藏袍造型美感和剪裁制作智慧，

选用藏族传统氆氇、手工织造窄幅毛呢，

并与现代精纺毛料、金属丝混纺绸缎叠搭重组，

点缀五彩丝线、手工钉珠的装饰细节，

创作具有藏族服饰元素的现代极简设计风格服装，

它有些许粗犷、神秘、原始，

也杂糅着精细、明朗、现代，

一如那时我行走在西藏的感受……

filter 2.5

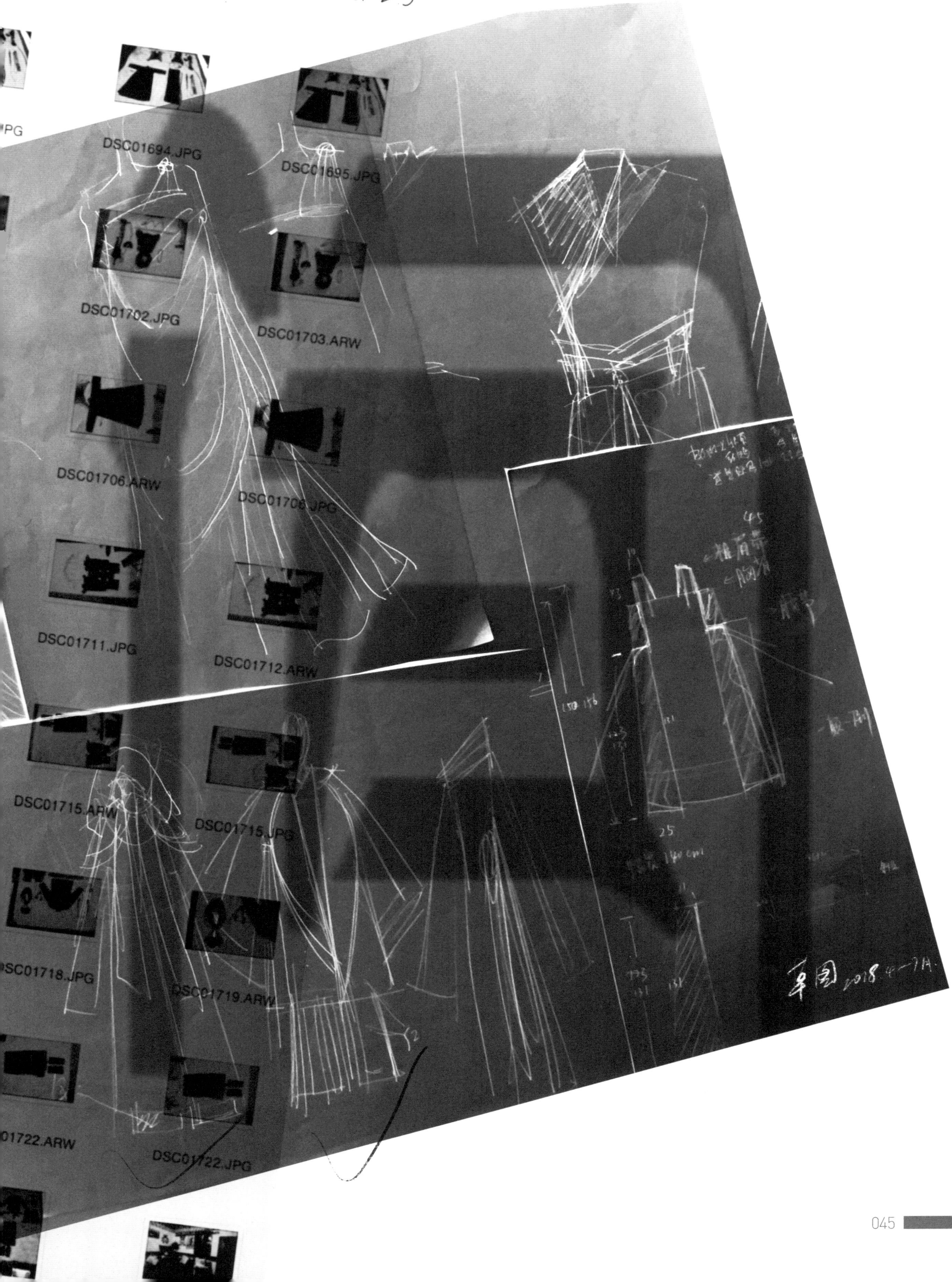
DSC01694.JPG
DSC01695.JPG
DSC01702.JPG
DSC01703.ARW
DSC01706.ARW
DSC01706.JPG
DSC01711.JPG
DSC01712.ARW
DSC01715.ARW
DSC01715.JPG
DSC01718.JPG
DSC01719.ARW
DSC01722.JPG
01722.ARW
25
2018

ཅུང་ནས་ཡོད་སྟོད་ཨམ་བན་ལ་
ལག་ཁྲེག་ནད་བས་རེས་ཡོད་
ད་གནང་རྒྱའི་སྐར་གྱི་སྐུ་ན།

235.m4v

234.m4v

233.m4v

IMG_9751.m4v

IMG_9750.m4v

IMG_9749.jpg

IMG_9757.m4v

IMG_9756.m4v

IMG_9755.m4v

IMG_9753.m4v

MAH02401.MP4

IMG_9824.jpg

IMG_9823.m4v

IMG_9805.m4v

2018.6.20

MAH02

MAH02405.MP4

灵感来源

服装主色提取藏式建筑中的白色、红色，点缀黄色、黑色，色彩圣洁、古朴、庄严；

深卡其色调和了整体色彩的宗教氛围，带来些许自然和现代的气息；

服装廓型借鉴藏族服饰结构形态并进行创新设计；

服饰图案从敦煌壁画中寻找西域风情的装饰设计；

造型设计既遵循传统的审美标准，也尝试与当代审美情趣的冲突与碰撞……

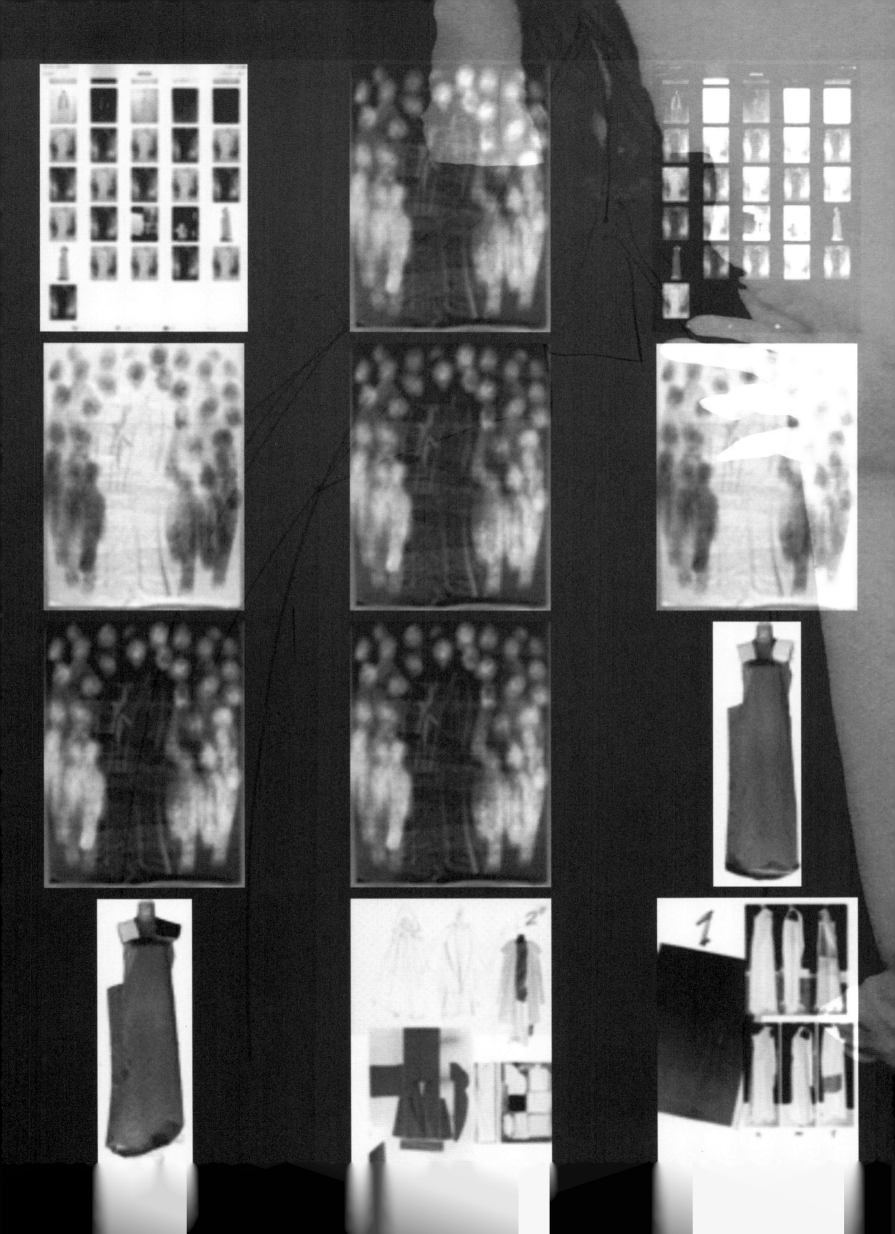

2018.4.16

藏族服饰廓型简洁大气，形态变化丰富，

缠绕、披挂、垂坠造型自然一体，无拘无束……

借鉴藏族服饰结构形态并进行创新设计。

藏袍 披挂 缠绕
自然一体__

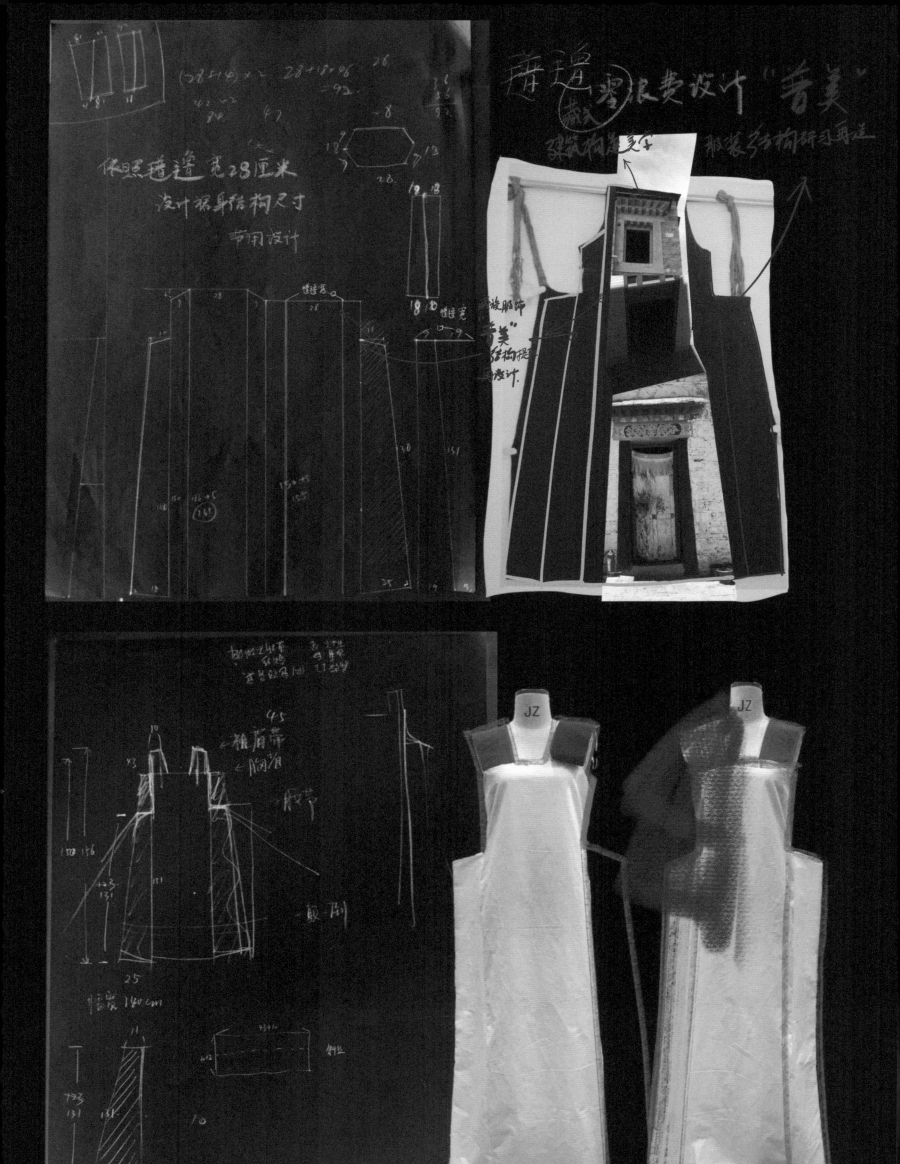

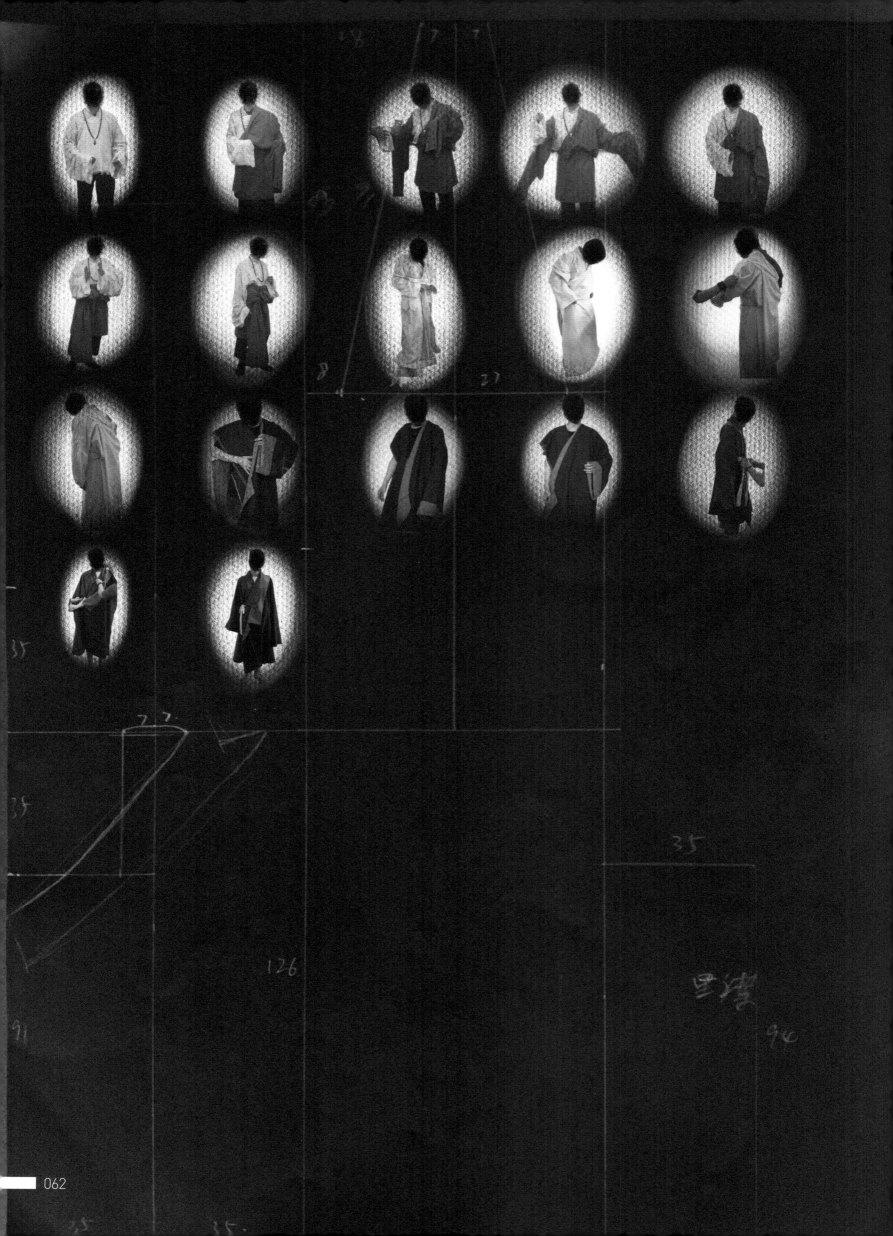

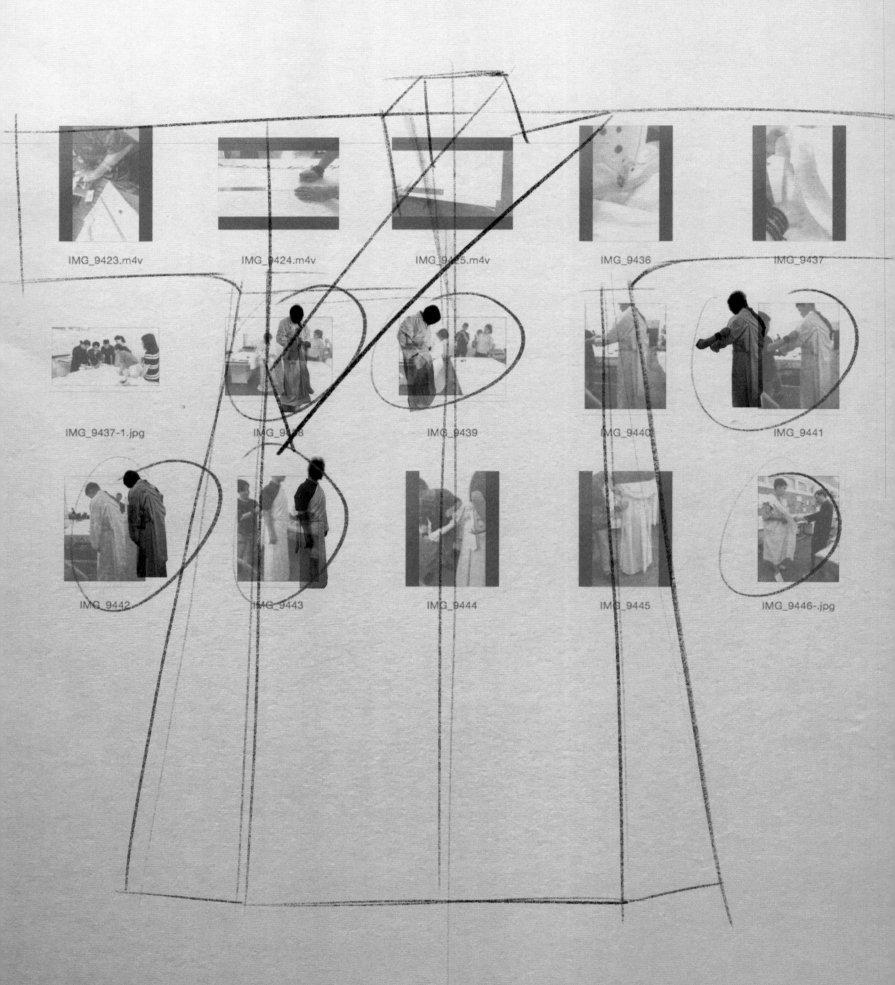

IMG_9423.m4v   IMG_9424.m4v   IMG_9425.m4v   IMG_9436   IMG_9437

IMG_9437-1.jpg   IMG_9438   IMG_9439   IMG_9440   IMG_9441

IMG_9442   IMG_9443   IMG_9444   IMG_9445   IMG_9446-.jpg

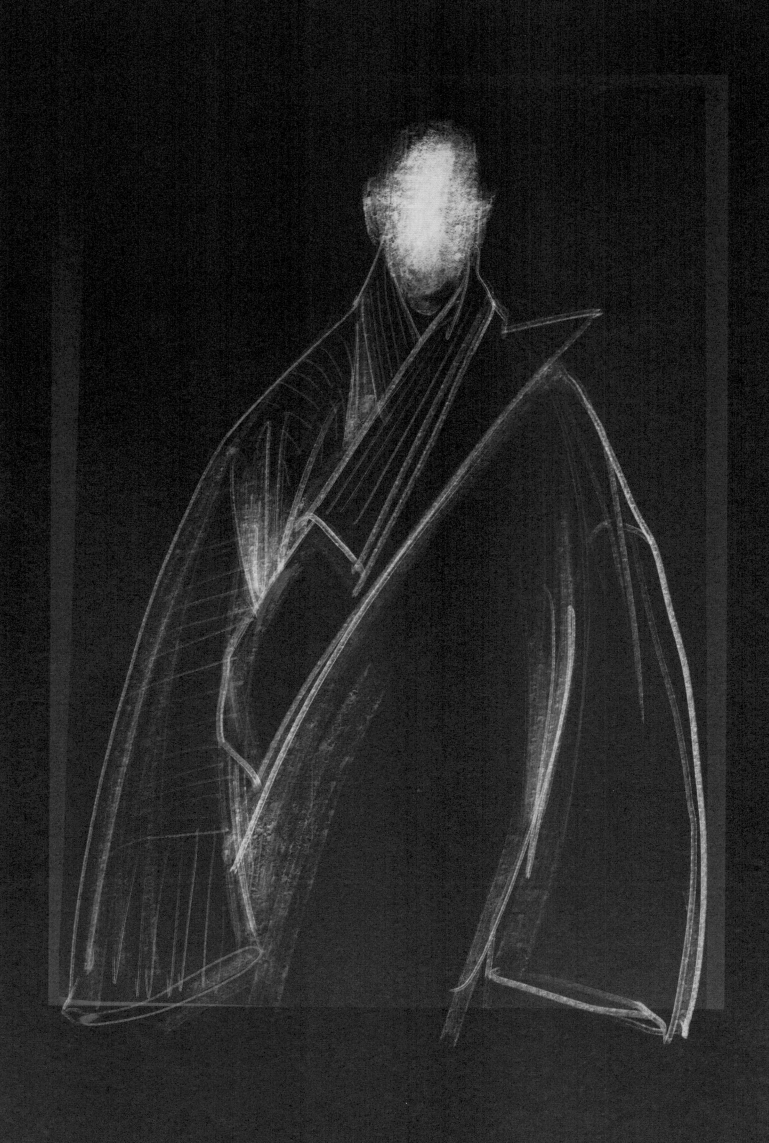

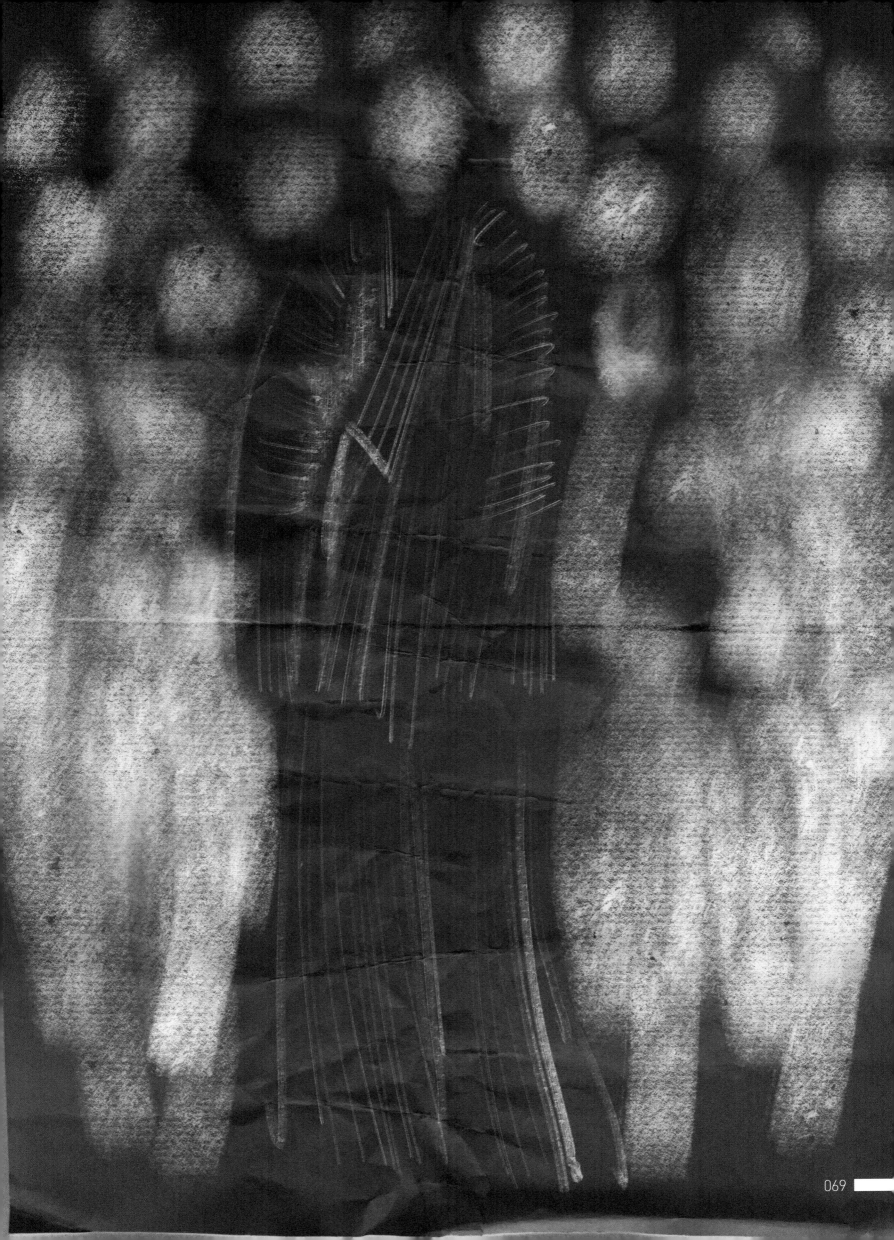

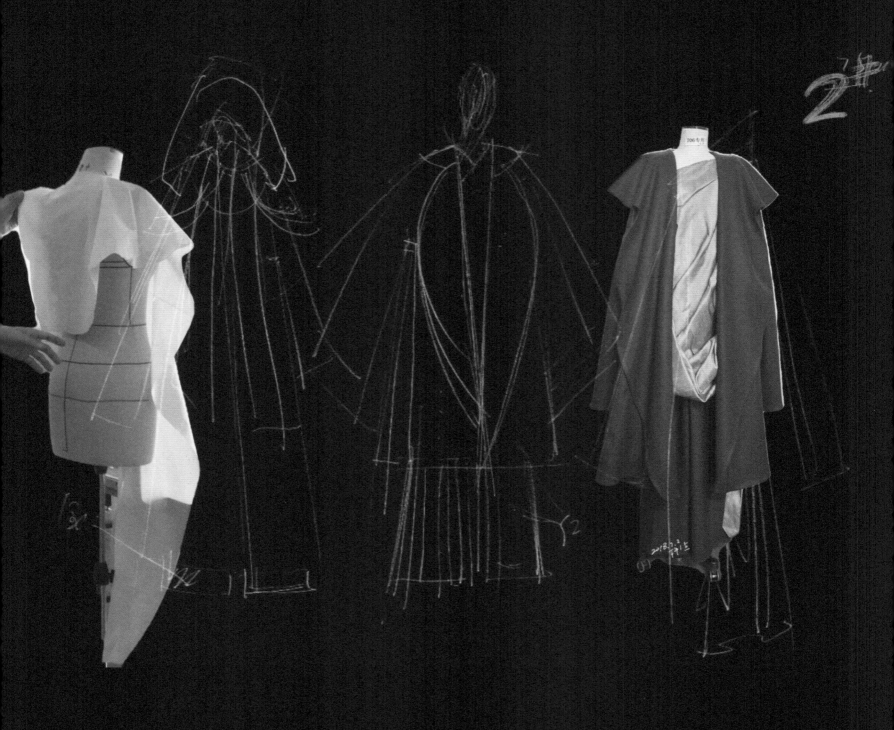

研习藏袍剪裁技艺和结构特点，

尊崇藏族服饰技艺中蕴含的敬物尚俭、古朴自然的品格，

保留藏族服饰整体廓型风貌，

设计圆顺外廓型线条的翻领款式，

创造藏式外套的新审美。

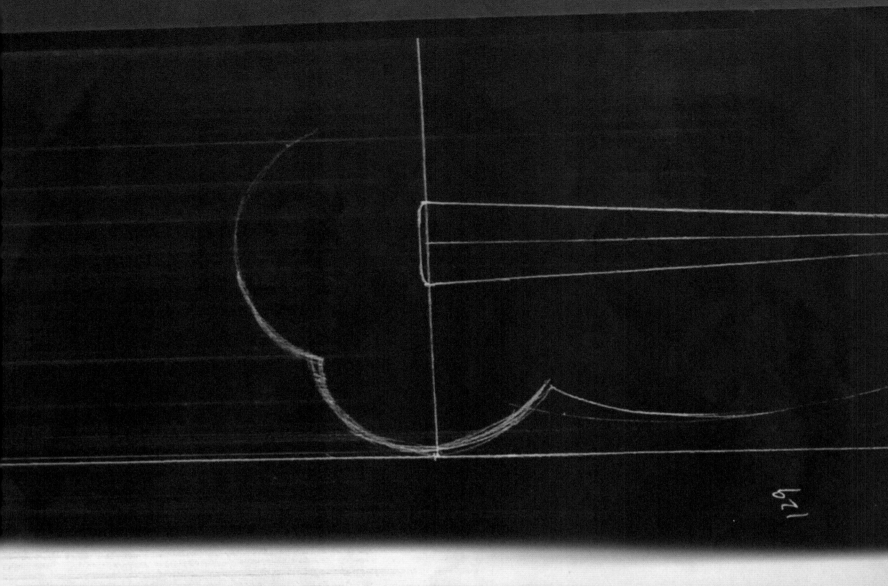

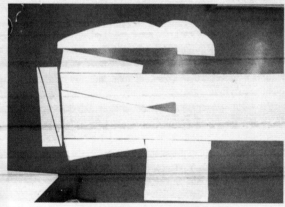

IMG-9631 白坯样初成

IMG-9632 复板样

IMG-9685 划板

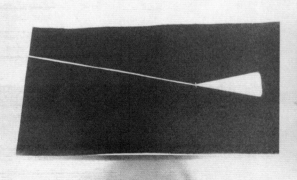

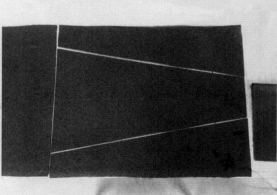

IMG-9695 领.门襟划板

IMG-9696 →缝宽
修订

IMG-9698 侧身

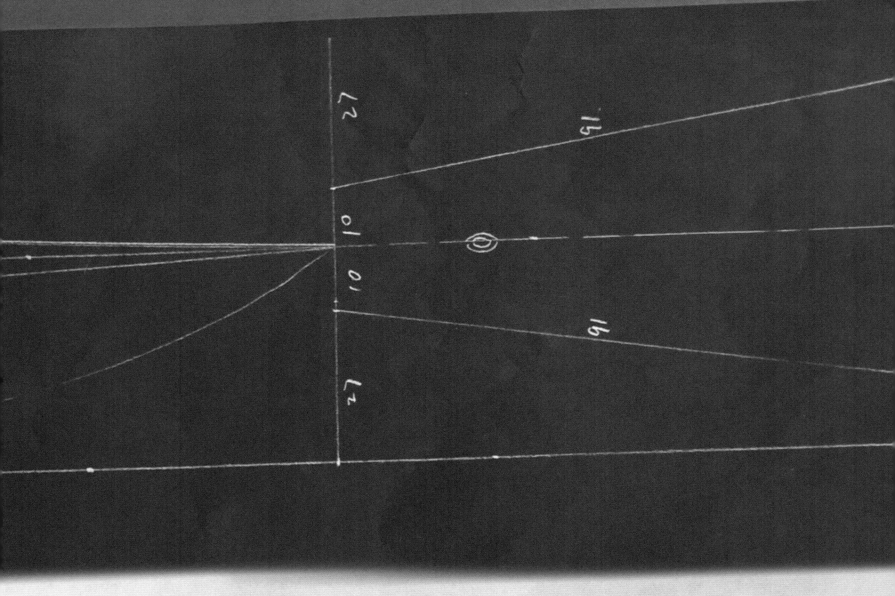

ZMG-9686 画线

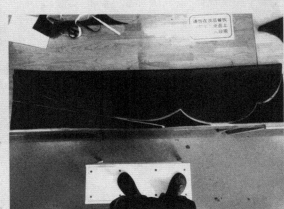

IMG-9690 大领戒

IMG-9691 大身划板

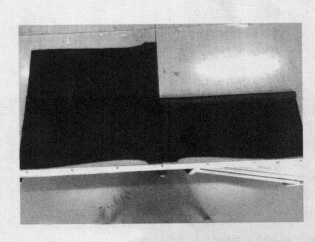

LMG-9699 袖板

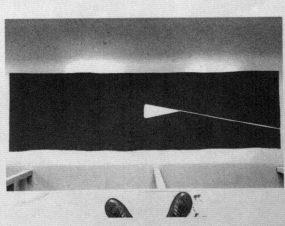

IMG-9710 全身14

ZMG-9712 整体摆4

钟 鸣

—

北京服装学院 ｜ 副教授

2019秘鲁国际青年设计师大赛 ｜ 评委

北京服装学院2022北京冬奥会奥运装备工作组 ｜ 成员

英国 Design Plus 趋势 ｜ 手稿设计师

中国生涯规划 ｜ 中级咨询师

中国职业生涯 ｜ 导师（创新创业方向）

北京市幼儿家庭教育 ｜ 志愿者

研究方向

针织服装设计

服饰文化创新设计

服装设计与管理

获得荣誉

2020年北京服装学院优秀教学成果一等奖

2015年北京服装学院青年教师基本功大赛一等奖

2001年北欧皮草 SAGA FURS 大赛优秀奖

2001年美国 PLAYBOY 全国大赛金奖

藏族文化充满了魅力和特色，但和所有传统文化一样都经受着现代外来生活的冲击与考验。如今这片宝地尽管仍然吸引着外界的好奇和向往，但越来越多的传统藏族服装、服饰以及生活方式开始慢慢退出人们的日常生活，尤其对年轻的一代而言，这个变化就越加剧烈。在西藏考察和援藏授课的过程中，我一直在思考这种变化的原因并寻找突破点。

源于对藏族文化的一份情感和一份敬畏，怀着传承的责任和创新的使命，在学习、模仿传统藏族服装的审美和特色基础上，结合现代的手法，为这片圣域尝试贡献更符合现代流行趋势，能为生活带来更便捷、更舒适、更多元、更接地气的设计。

整个系列设计聚焦在材质、肌理和图案等细节，廓型和配饰简约但追求品质。

元素提取藏式的格纹、加珞纹和雪豹纹，这些元素分别用特殊材质膜压印花、各种针织手法以及传统珐琅工艺进行综合表现。

本系列设计主要有四大特点：

第一，储运方便，穿着舒适，易打理；

第二，相同的元素采用不同层次的表现；

第三，单品之间可以自由组合与穿搭；

第四，跨性别设计，服用性更广且可持续。

灵感

藏族五元素——蓝天、白云、绿水、黄土、红火。

丰富

是对西藏的总体印象。

层次感

多层次穿戴表达形式，

多种材质与设计手法的综合运用。

艳丽感

各种色彩的组合，

不同质感的搭配（比如金银纱、透明纱、人造丝、羊毛、特卫强等材料结合）。

日光之城

多样性

多品类设计（比如衬衫、T恤、针织衫、夹克、风衣、羽绒服等），

多种图案设计（比如传统或创新的单独纹样、适合纹样、连续纹样、复合纹样等），

多种工艺手法的综合运用（比如针织、机织、无纺材料、覆膜印花），

多元化服装呈现（比如男装、女装、童装、无性别服装、混搭服装）。

莲花.莲蓬
裙和.装饰

斜襟裁达
边缘图案装饰

万字纹 → 顺纹肌理 → 院时之艺?
→ 满身应用?
→ 单独纹样?

吉祥格纹 裹色格纹
立绳造型 提花

格纹立绳15平面
大小.材质.工艺变化.

藏式格纹
正针交错
形式凹凸纹理
满身纹理

象纹提花裤

设计元素的工艺实现

款式	纱线		针型	备注
上衣	羊毛 EC15011		5G	双元宝+纬平针组织
	金银丝 TK-S44			
裤子	羊毛（缩绒）CHM1 T030		12G	试片1：缩绒提花组织　试片2：正反针添纱组织
	羊毛 EC15025			
	金银丝 TK-521B			
T恤	羊毛 EC15006		14G	人造丝和羊毛分别采用正反针组织试片，尺寸后附
	亚光人造丝 9441			
	透明丝 ST-11			
外套	羊毛 EC15006		12G	空气层提花组织，腰带和边缘采用四平组织
	光泽人造丝 7381			
	羊毛 CASHFEEL1753579			
	弹力丝 2070（白）			
	（大身）金银丝 TK-544			
	（衣边）全银丝 TK-598#			
裤子	羊毛 CASHFEEL1753579		14G	空气层提花组织
	羊毛 EC15006			
	金银丝 TK-544			
大衣	羊毛 EC15006		12G	多色提花组织　白色翻领采用单元宝组织
	羊毛 EC18123			
	羊毛 EC17100			
	羊毛 EC18130			
	羊毛（缩绒）CHM17030			

款式	纱线		针型	备注
裤子	透明丝 ST-22	ST-22	12G	 提花组织
	羊毛（缩绒）CHM17030			
	光泽人造丝 7323	7323		
	金银丝 TK-5897B			
上衣斜条部分与裤子	羊毛 EC15006		12G	 上衣四平组织 图案部分隐晦
	羊毛 EC99072			
	金银丝 TK-5897B	TK-5897B		
长裙	亚光人造丝 9441		14G	
	羊毛 EC15006			
	透明丝 ST-11	ST-11		
大衣领子	羊毛 EC15006		12G	试片1：浮线添纱组织 试片2：浮雕提花组织 领条芝麻点提花组织
	羊毛 EC18131			
	羊毛 EC15040			
	羊毛 EC17098			
	羊毛 EC17103			
	羊毛 EC99072			
大衣	羊毛 EC99072		12G	 提花组织+浮线
	光泽人造丝 7365			
	透明丝 ST-12			
	金银丝 TK-5897B			

本系列所运用的纹样，如万字纹、八吉祥、荷莲以及各种格纹等都是西藏重要的民间吉祥图案。在休闲运动风格的款式中，运用各种针织手法和图案排列方式，将它们运用到合适的单件服装中从而起到搭配或呼应的作用，这是对传统的创新尝试。

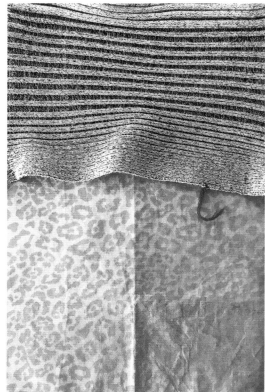

同一款式因不同的着装者而呈现出不同的气质和风格。色彩图案完全不同的单品，因为具有共同的风格而融合统一、和合共生，有效地提升服装服用性。

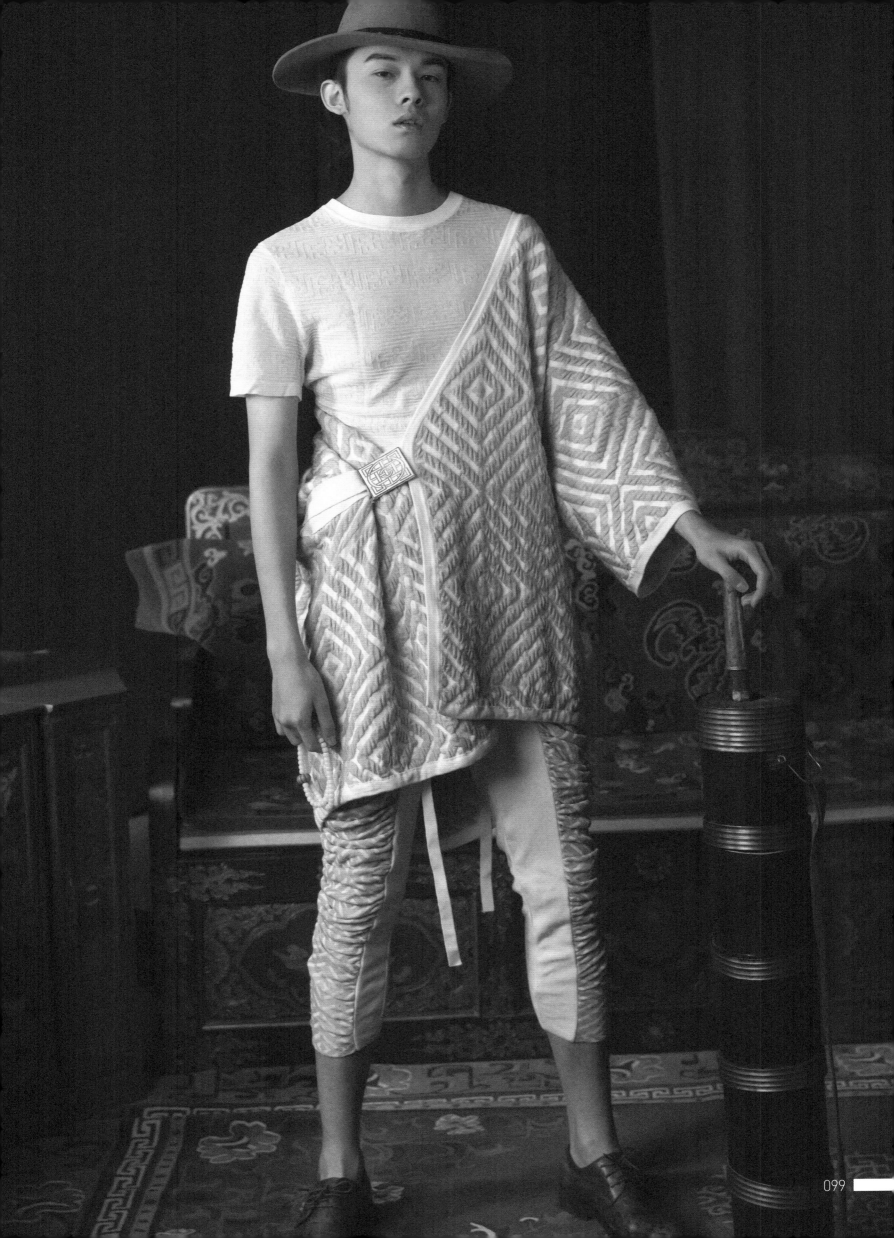

常卫民

—

北京服装学院 ┃ 副教授

研究方向

服装结构工艺设计

藏传佛教僧侣服饰文化

获得荣誉

2018年意大利"金剪刀"裁缝师大奖赛二等奖、"国家一级裁缝师"荣誉

2015年"全国十佳服装制板师"称号

无"序"有序

藏文化神秘而独特，极具吸引力，但在现代化浪潮的冲击下，正面临新的问题与挑战，一些传统藏族服饰与习俗渐渐在日常生活中隐退。

作为新时代的设计师，应该对藏文化充满敬畏与热爱，并在尊重其传统与审美的基础上，进行创新设计，让传统文化在现代生活中重焕生机。

"无序有序"系列的服装设计侧重于表达无序中的有序和有序背后的无序。服装从廓型、结构、材质与工艺细节等方面入手表现新藏式服饰。一针一线传达藏式古法技艺，一面一体彰显当代审美取向。

初缘

西藏是世界的屋脊，是世界纯净之地，这片圣域常常留下万物有灵、原始崇拜的印迹，人们对天空、大地、河流、山川充满热爱，并赋予色彩特殊的情感特征，这无时无刻不体现在民俗生活与宗教文化中，并最终转化为五种色彩——蓝、白、红、黄、绿的运用。

随笔

如何将西藏传统的织造文化运用在现代藏族男装的设计中，是我创作这个系列思考的重点。使用当地原材料，根据现代男装主流廓型，以有序中无序为设计原则进行结构设计。其间将藏族氆氇与羊皮材质进行拼合，注重邦典、氆氇及皮革的色彩搭配，力求传统氆氇手工工艺的创新运用，使其文化内涵与实用雅致合为一体。

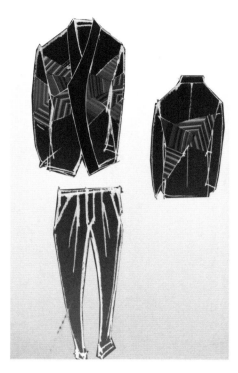
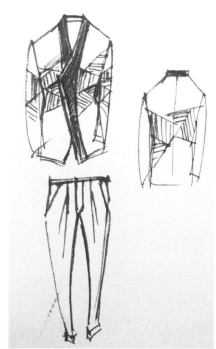

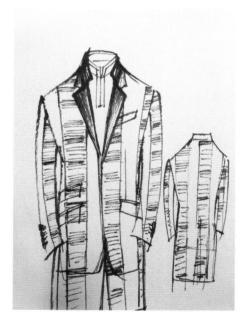

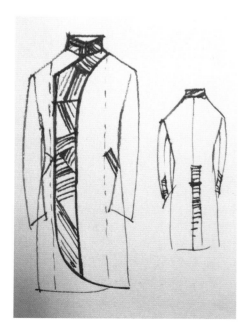

材料篇

邦典

邦典是藏族极为典型的配饰，以其绚丽的色彩与平行直条纹样著称。邦典的色彩因地区不同而不同。拉萨的女性多穿着色彩雅致的同色系邦典，牧区女子的邦典色彩艳丽、色相丰富，与牧区藏民淳朴的心灵相匹配。邦典存在纹样疏密、色条宽窄、色域范围的变化，彰显不同风格。邦典有几百种类别，突显藏地女性织造的智慧。

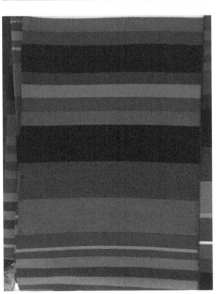

五色邦典

根据本系列设计的主题与思路，在材料选择过程中对邦典的色彩、色条和拼接后的成品效果进行了反复的思索，经过数次比较，选择了色条宽窄匀称、颜色沉稳并以暖色调为主的邦典。在拼接过程力求符合设计的主题和理念，形成具有本源文化的藏式服饰创新设计。

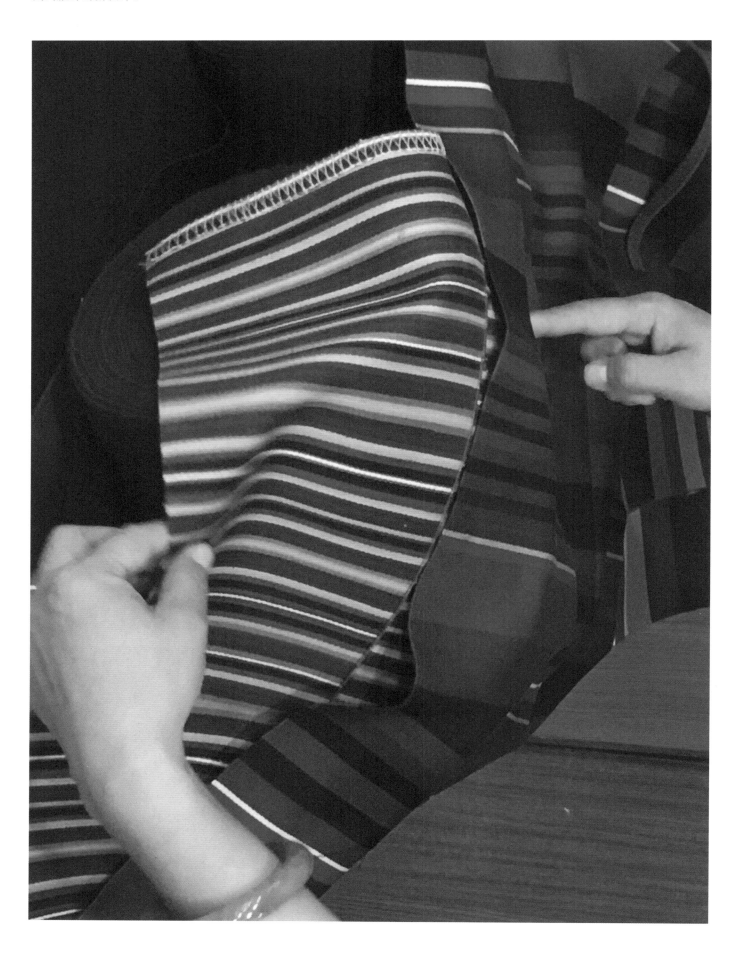

提花织锦

藏服中常使用织锦缎面料做边饰设计。早在吐蕃时期，大唐每逢节庆便会赐给西藏一批丝绸，然而这样的丝绸只存在于贵族家庭中，平常百姓无法享受，体现出丝绸面料在藏族地区的珍贵。元代时期，丝绸加金工艺的不断提高使得全国上下对加金织物异常热衷，这类织物史称织金锦。这个时期政治上的交融使得文化艺术交流频繁，织金锦同时也传入藏地。藏地地处中国西部，与印度、尼泊尔等地相邻，由于交通的便利，相互交流频繁。明代时期印度仿制中央王朝赏赐给藏地的丝绸图案样式，开始生产加金锦缎，如今印度生产的加金锦缎成为藏地服装与宗教的首选面料。

锦缎面料在藏族地区运用非常广泛，尤其在寺庙中，既彰显了锦缎面料的高贵地位，也反映了藏地与周边文化的交流与融合。

寺庙佛像中的织锦

节庆日信众常服中的织锦

织锦面料中的常用纹样

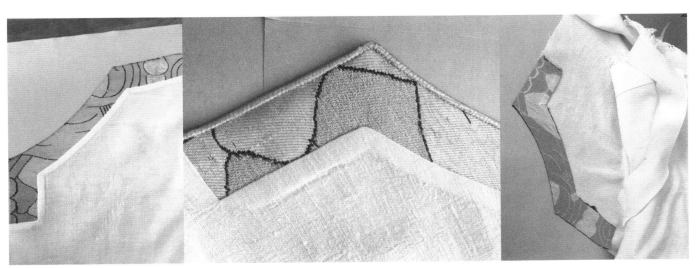
织锦饰边的制作

棉麻

传统藏式衬衫的面料多为棉麻质地的平纹织物，产自印度与尼泊尔，颜色
为织物纱线的原始白色，最有特色的是衬衫底边的抽纱设计，体现纯朴与
天然的特性。

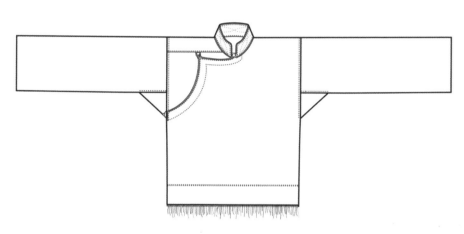

安多地区男士衬衫

男士衬衫底边与衣领细节

面料店售卖的衬衫面料

氆氇

氆氇称为phru，是一种毛织物，用羊、牛毛混纺或专用羊毛织成，是高原人民在日常生活中较为常用的一种面料，氆氇织物文化已经成为藏族服饰与民俗文化的标志之一。氆氇幅宽在24~27厘米。

根据氆氇选材的不同，氆氇形成不同等级。其中，优质氆氇有谢玛氆氇，如今八廓街所卖氆氇大多为此种；其次有布珠、噶厦、泰尔玛、格毡、朱祝、漆孜等材质的氆氇。谢玛氆氇用手工织成，织造工具独具藏族特性。

在本次设计产品中主要运用黑色、红色的谢玛氆氇，面料质地与格调突显藏地韵味，与男性粗犷风格不谋而合。

扎染"格桑"纹样的黑、红色氆氇

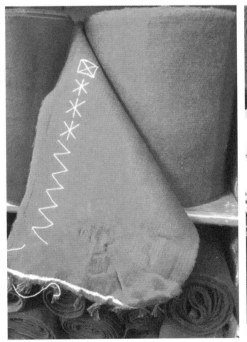

黑、红色氆氇上的白色缝线是氆氇的生产信息

手工氆氇织造

织造过程中检验氆氇平直的工具"载"

机梭子里绕线的竹棍"苏布"

氆氇机，藏语称为"他赤"

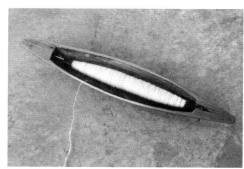

织氆氇用的机梭子"捉布"

调节综的"踏板"

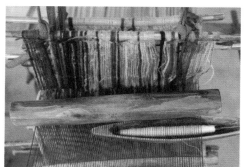

穿入毛线的"打"

藏式古法裁剪与缝制技艺

由于氆氇面料幅宽有限，缝制服装时必须先将其拼接起来，西藏的裁缝们运用传统缝合技艺进行氆氇的拼接，缝制时针尖朝内行针，呈套环状缝合，与汉族地区针法的行针方向正好相反。所有缝制全部是手工完成，面料在两腿之间绷紧固定，保证面料平展，左手捏紧布片，右手行针，这样的缝合技艺为西藏传统工艺，在藏族地区普遍盛行。

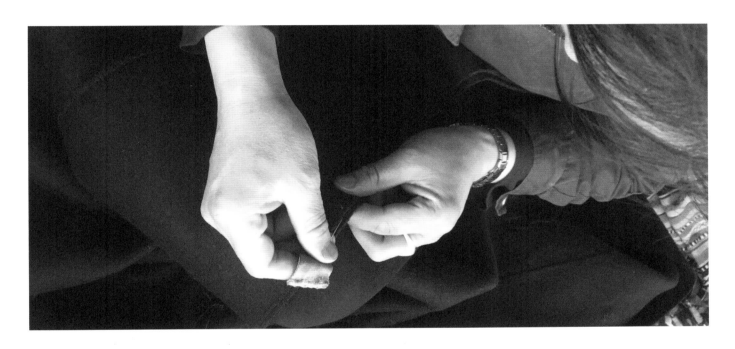

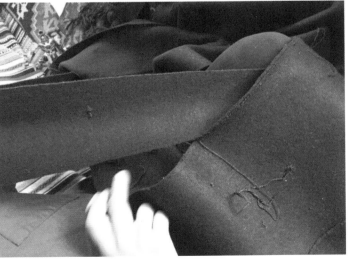

面料拼缝设计——五彩色线

服装成型设计重在细节，男装设计尤其如此，氆氇拼缝工艺设计是这一系列服装设计的亮点之一，为了使传统缝制工艺融入系列设计作品中，并凸显藏地氆氇手工缝制的细腻，在氆氇拼接缝线的选择上采用了五彩色线，与服装邦典的五彩色条形成呼应，强化藏族地区五彩色系的象征意涵。

领袖设计——皮料质地

此系列服装设计中将细质绵羊皮与粗羊毛毡毯组合设计，一方面增强时尚感，另一方面提高服装的服用性能。相对于皮料质地，毡毯面料密实硬挺，在合身型服装设计中，运动性能较弱，使用羊皮质地材料设计此系列服装的领子与袖子可以提高服用性能与时尚度，但需要谨慎处理好皮料与毡毯接缝处的工艺设计。

无序之序

此款为斜襟设计，前片邦典拼接主要集中在人体腰节部位，在进行邦典色条的比例、疏密及色相的设计时考虑了人体结构的特征。前衣片的邦典看似凌乱无序，实则左右对称，后衣片考虑到布幅的完整性，邦典拼接采用了不对称设计。样衣制作中首先确定基本板型，然后根据标准男模体型进行样衣制作与试样，再在确定的样衣上进行邦典分割设计，确定局部纸样，最终达到外表无序而内在有序的效果。

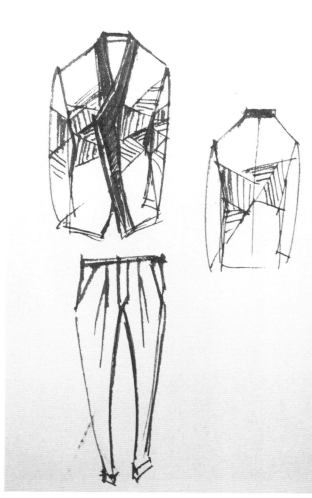

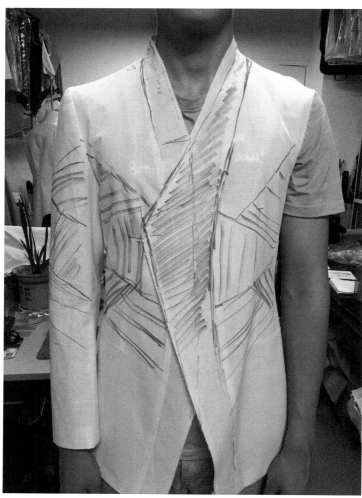

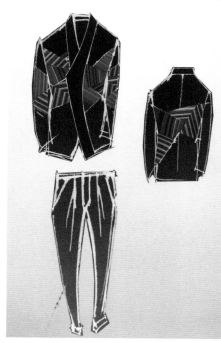

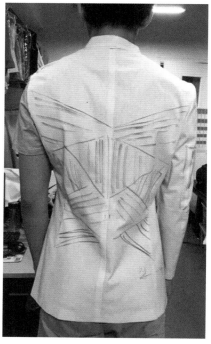

样衣试制

无序样板

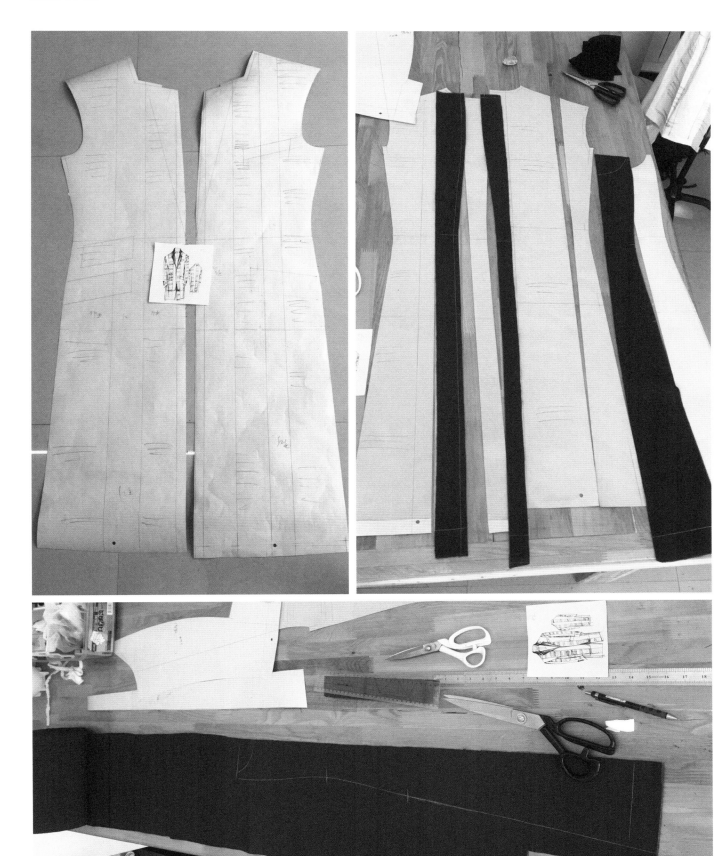

样板"50"

样板"50"是指在此款服装设计中，身袖领等里外衣片在裁剪中使用了近50张纸样。考虑到服装结构的塑型效果，样板的分割线具有塑造人体结构形态的功能。根据毪氇拼接设计的理念与邦典色阶的变化，样板设计强调布片与布片之间面积的比例与工艺细节的处理，这些拼接的纸样成为服装设计中的核心部分。

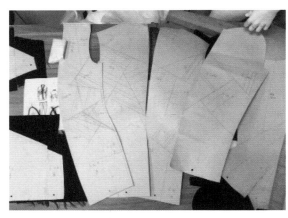

净片设计

根据纸样裁剪毪氇与邦典，专业的裁缝师至少要花16工时完成此步骤。

毪氇拼接

毪氇拼接是服装制作环节的首要步骤。拼接之前需考虑工艺的细节处理手法、拼接后的效果以及缝份的处理等。在制作中还要注意邦典的色阶变化、色域的温度及色条比例的效果。前衣片强调左右完全对称，做到无序中有序。色条邦典的使用以冷色基调为准，少量运用暖色做局部点缀。

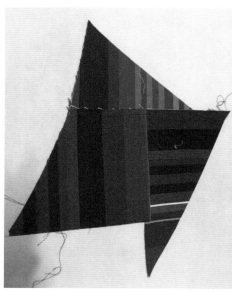

条纹毪氇错位拼合

皮料设计

服装正面毡毯拼合后的效果

后背无序造型

有序之序

本款服装设计强调服装整体无序设计中的有序。廓型整体设计属于不对称造型，无序可言，然有序的是服装部件与衣身的设计，重在强调有序中的男装技术美。整款服装主色调为"喇嘛红"，邦典的拼接部分纵向严格保持水平一致，无序中设定有序。注重左右对称，服装部件纹路严格遵守衣身的纹路设计，强调有序中的男装细节设计，细节的秩序美彰显男性的内敛气质。

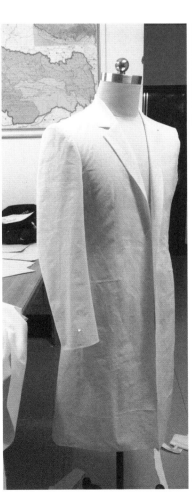

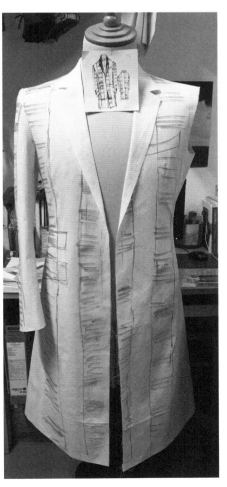

样衣试制

有序裁片

氆氇拼接，重在有序

氆氇对称拼接

有序净片，精准定位

此款服装由两种颜色氆氇（红色、黑色）与条纹邦典组合设计，由于材料种类多，颜色丰富，故在拼接过程中应注重色彩的和谐统一，力求沉稳的效果。左右侧腰为红色、黑色氆氇拼接组成，面积与比例相同。条纹邦典穿插于两种氆氇之间，起到统一效果的作用，无序中的秩序使服装协调且美观。

衣袖氆氇拼接效果   传统手工氆氇拼接

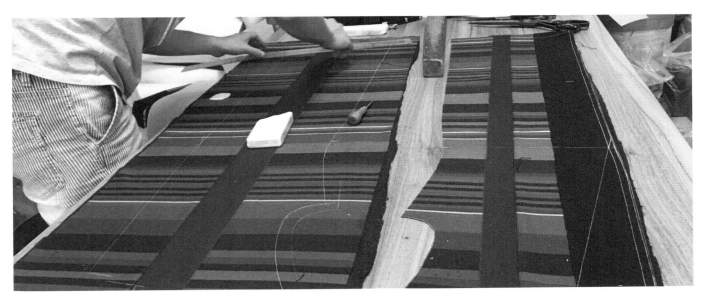

大身片净样

无序造型有序拼接

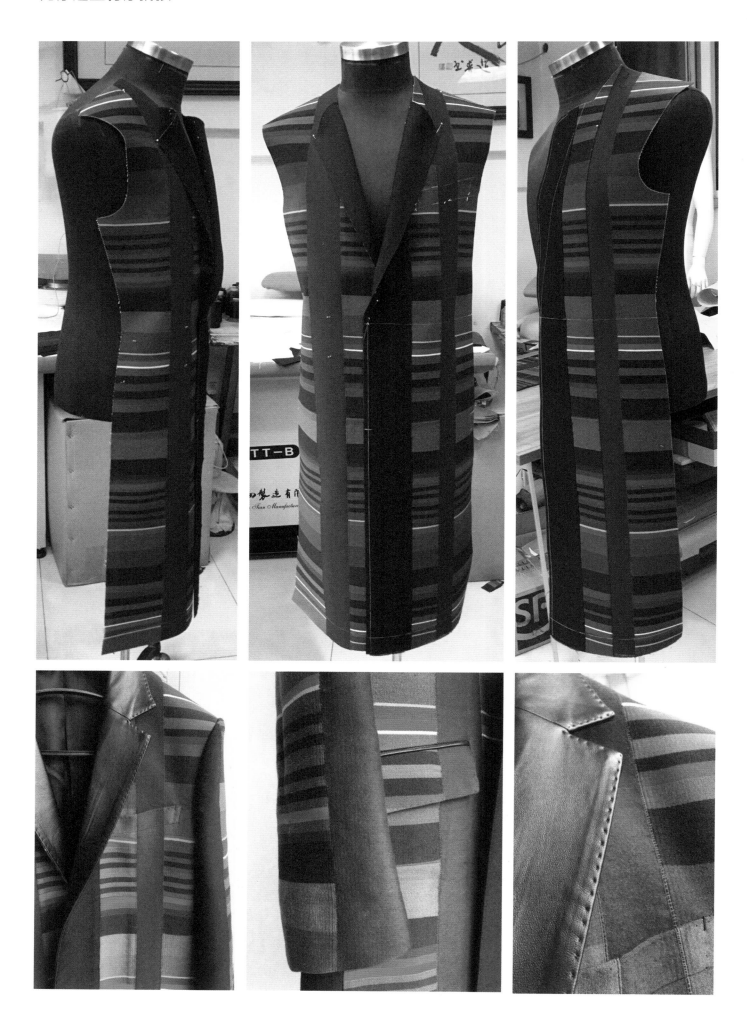

有无之序

此款服装以中式立领形制为设计灵感，凸显中国风的设计特色，立领领面采用皮料与邦典拼接，邦典图案在衣领前中部位对称设计。在大襟处理上采用了藏式邦典的不规则拼接设计，并将斜襟延伸至肩缝。以黑色氆氇为主色调，强调无序中的统一、无序中的有序，旨在创造一种新的秩序美感。

样板设计

根据白坯布样衣设计的分割线整理纸样，协调有序衣身与无序饰边的设计美感，把握无序邦典样板的比例与方向，进行样板的二次设计。

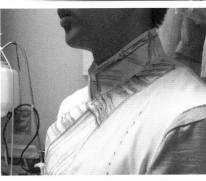

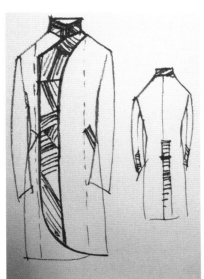

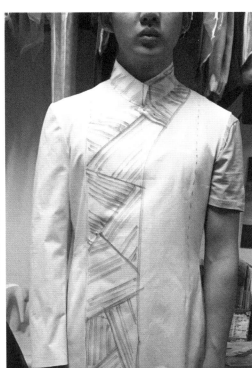

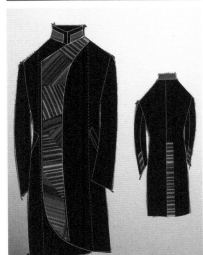

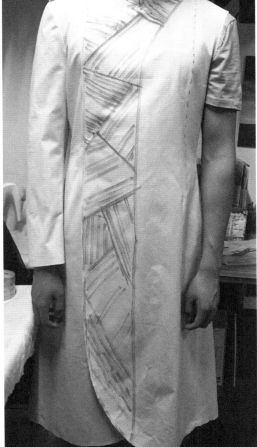

邦典设计

此款男装氆氇拼接的重点在衣领和大襟处，衣领和大襟处饰边由同类型、同色系的邦典拼接而成，其中领缘用皮料饰边，大襟处的拼接则是把彩条纹邦典裁剪成不同的形状进行拼接，在色彩重构中，将无序的五彩统一于有序的廓型中。

细节展示

周绍恩

—

北京服装学院 ┃ 副教授

一可研创设计事务所 ┃ 创始人

中国流行色协会 ┃ 色彩教育委员会委员

研究方向

功能性服装设计与运动服装文化

功能性艺术设计和可持续性时尚设计

运动服装色彩设计研究与应用

设计经历

中华人民共和国成立70周年庆典活动群众游行方阵服装设计师

第七届世界军人运动会运动装制服设计总设计师

2018年平昌冬奥会"北京8分钟"表演服装设计师

中国国家攀岩队比赛服、领奖服设计师

西藏登山学校高山探险队服装装备设计负责人

"净美雪顿·美好生活"藏族服饰文化展演活动"藏地高峰"作品发布设计师

第十四届全国运动会官方制服设计师

获得荣誉

2022年ISPO全球设计大奖（ISPO Award）

2019年全国工人先锋号荣誉称号

首届军服文化创意设计大赛金奖

藏 地 高 峰

虔诚的信者很多不属于这里，却被西藏的自然和人文所吸引；西藏的牧民属于这里，但传统的游牧生活被时代所改变。现代的功能性与传统的实用性融为一体，体现了现实与信仰的共存。从当地传统中学习宝贵的经验，以牦牛、帐篷、藏袍、雪山为设计灵感，注重耐用、轻量、功能、时尚、可持续性的设计趋势，强调功能性服装设计，从研究到创新进而展开设计，最终实现自然的平衡和文化的共鸣。

灵感源

登山服装功能特征

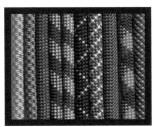

自然与环境特征

传统藏式服装及人文特征

面料及色彩设计

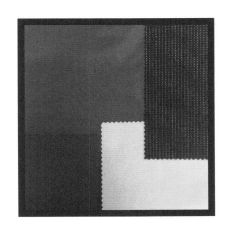

设计师将面料质感设定为粗犷、原始、温暖。根据时尚与功能，将面料品类分为功能羊毛织物、耐磨防水布、长毛珊瑚绒三大品类。

色系分类与色彩灵感

姜黄色系

奶白色系

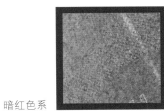

暗红色系

中性黑色系

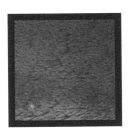

湖蓝色系

款式结构设计

局部可拆卸结构

藏地高峰系列在款式结构设计上，遵循高原服装需要及时适应温度变化的功能要求，围绕可拆卸、易穿脱、便携带、可叠穿等设计目标展开。

基于冷热环境交替的袖子拉链开口设计

除了将外套完全脱下并背在后背的功能设计外，袖子上分别设计了两条双向开合拉链，可以根据温度进行自由调节，兼顾服装的局部散热，这种拉链设计不仅满足功能需求，也是一种个性且时尚的表现方式。

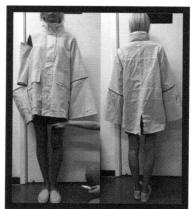

平面结构衬衫

传统藏式衬衫衣身结构宽松，可以适应各种身材体型，设计中参考传统藏式衬衫的平面裁剪结构，融入现代工艺细节，优化功能应用。例如袖口处用防水印花拉链，替代传统的宝剑头袖衩，采用松紧带调节衣身底边，以适应不同的身材，体现现代设计感。

平面结构裙装

藏裙的开合与固定方式不同于现代服装的拉链、扣子和皮带。藏裙多采用同款面料直接缝合成腰带，固定在侧缝处，缠绕包裹在腰间。裙身的裁片通常是筒状，腰臀差量通过腰带的捆扎抵消，在高原这样恶劣的环境中，需要这种易于制作且面料高利用率的设计，应对不同体型的需求。设计师在裙装的设计中，运用了同样的结构设计。

图案设计与工艺创新

图案的不同工艺表达方式

设计师将传统藏族毛毡图案进行多种现代工艺表达，并重新设计应用于本次方案。

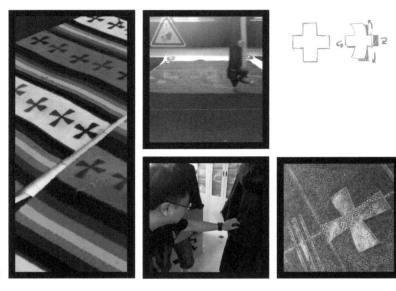

激光镭射雕刻藏式图案

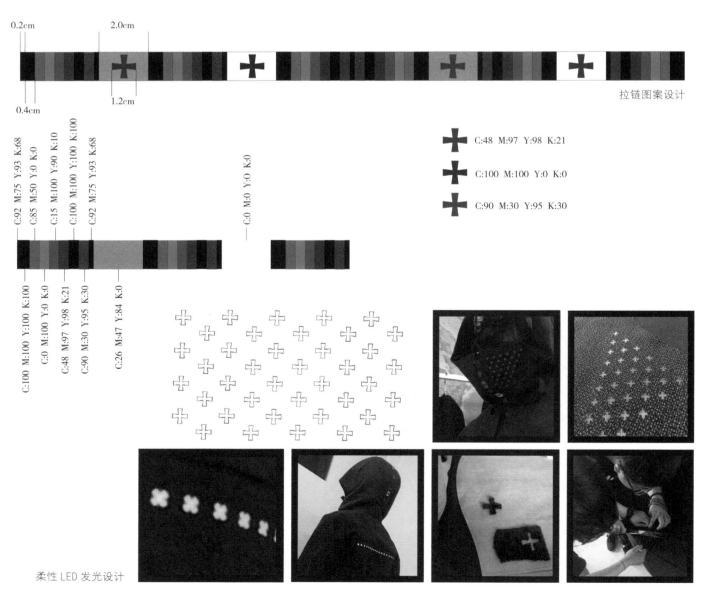

拉链图案设计

C:48 M:97 Y:98 K:21

C:100 M:100 Y:0 K:0

C:90 M:30 Y:95 K:30

柔性 LED 发光设计

细节设计与应用

登山扣盘绳设计

设计师将登山元素融入设计细节，对登山绳和登山扣进行融合改造，将登山绳作为腰带并重新缠绕打结，并用登山绳对登山扣进行缠绕，体现户外运动设计风格。

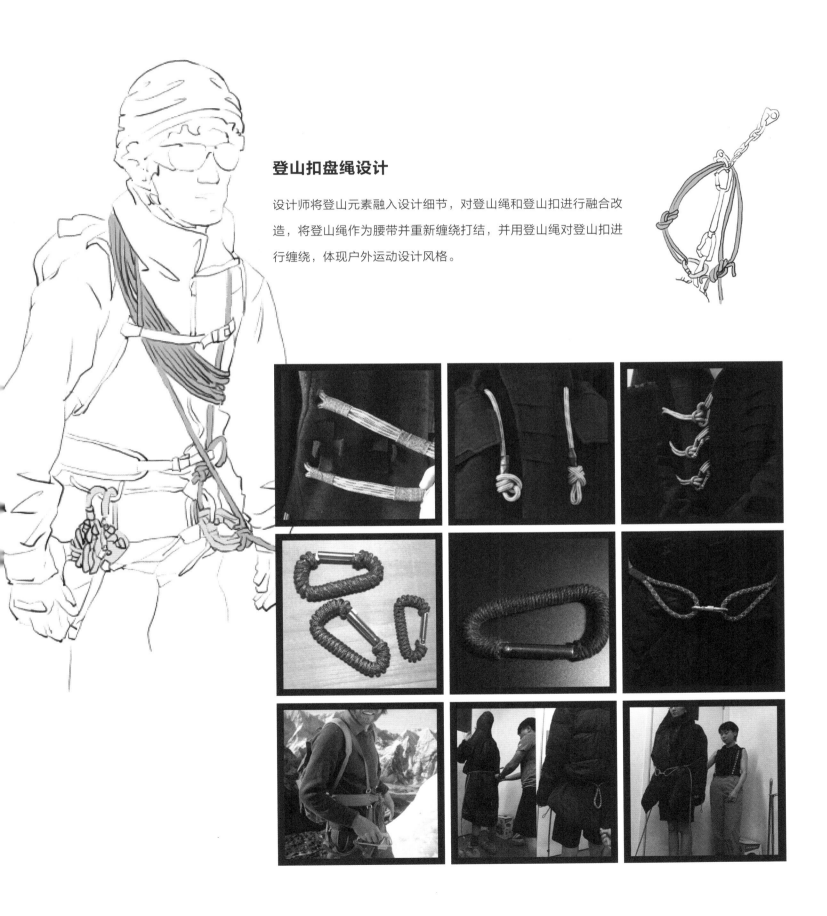

效果图展示

款式图设计说明01

功能性羊毛御寒大衣

基于冷热环境交替的
袖子拉链开口设计

肩部和手肘处设置拉链开口，
适应温度变化

姜黄色针织吸湿速干内搭
T恤，构建多层着装系统

珊瑚绒拼接短款卫衣

插肩袖按扣设计，使服装袖长自由变化，给予穿
着者更多样选择

平面裁剪结构半裙，适应
穿着需要

弹力压缩紧身裤

设计师有了在袖子上设置开口拉链的想法后，就开始补充和完善细节：袖子造型需要足够大，像一个喇叭，突出外轮廓造型效果；加珞纹防水拉链改善并活跃功能性羊毛面料的沉重感，让其变得轻松活跃；暗红色外衣与姜黄色内搭 T 恤，营造出自然不刻意的撞色感……

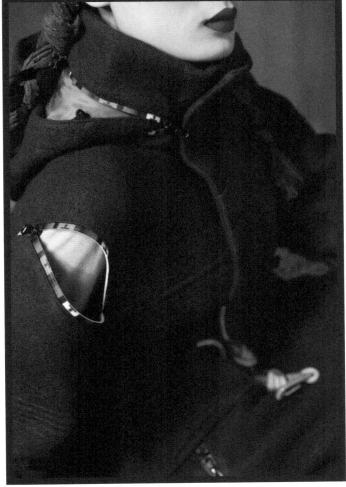

设计和制作的过程总是充满惊喜，像是一环扣一环的解谜游戏，过程"烧脑"且快乐，充满尝试与挑战。

款式设计说明02

珊瑚绒拼接长款卫衣

袖口与底边的抽绳设计，具有防风雪功能。

袖缝处拼接黑色亚光绗缝面料，提高手臂活动的舒适性，同时与外套拼接的耐磨布形成色彩上的呼应。

功能性羊毛御寒大衣

连袖双开拉链设计，可随时开合透气，提升穿着舒适性。

复合面料软壳长裤

腰头镭射贴合T型可调节拉伸设计，方便调整裤子松紧度，满足不同体型穿着者的需要。

膝盖处拼接结构，强调3D立体造型，使穿着者活动时无拘束感。

细节的设计和完善的工艺是创造过程中最具挑战性的环节。

设计师试图将户外登山扣和登山绳元素融入服装，希望能够赋予其西藏地区的户外运动属性。采用西藏各种盘绳工艺，精心设计并缠绕登山扣，并与服装结合形成固定扣合结构。

款式设计说明 03

登山绳的巧妙应用

登山绳在攀登过程中是象征安全与信任，设计师对登山绳进行了时尚化设计，践行功能可视化的设计理念。

包裹式功能羽绒服

开合式大门襟灵感源自被服结构，在严寒冬日提供多重保暖效果。袖口拼接耐磨布和抽绳设计等功能细节，保证服装的实用属性并满足多样化时尚穿搭需求。

珊瑚绒拼接半拉链
短款卫衣

半拉链开合结构，使穿脱
更加方便，可适应多种环
境穿着。前后片及袖口拼
接功能性羊毛材料，从视
觉上提升服装的设计感。

弹力压缩紧身裤

青石绿压缩紧身裤呼
应珊瑚绒卫衣，配搭
包裹式功能羽绒服，
形成完整视觉形象。

披挂式外套灵感源于青藏高原牧民穿着的藏袍，
牧民出于实用的考虑，在腰间设置腰带，两袖半
穿形成独具一格的穿搭风格。

亚光黑色和湖蓝色组成服装主体色彩，青石绿色
形成跳跃的辅助色。

款式设计说明 04

班智达尖帽

班智达尖帽，一般是有学问的班智达所戴，也是格鲁派祖师宗喀巴大师所戴的帽子。

在藏传佛教中，班智达尖帽尖尖的造型多是僧人等级划分的一种功能性设计，但其独特的尖塔造型具有一种美感。因此，在羽绒服的设计中借用了班智达尖帽的造型，使羽绒服呈现出一种与众不同的外轮廓。

不对称下摆羽绒服

前门襟连帽大翻领设计，可进行多样化穿搭，适应不同天气环境的温度变化

在羽绒服光滑面料上，数码转印藏文符号，从细节中呼应设计主题

珊瑚绒长款拼接卫衣

门襟按扣设计使穿脱更便捷

胸部口袋、肩部育克、下摆拼接西藏风格的功能性羊毛面料

袖口可调节抽绳设计，拼接耐磨布面料，防止袖口磨损

前短后长的下摆设计，体现服装的功能性

弹力吸湿速干压缩紧身裤

采用弹力氨纶材料，贴合人体设计，提供有效的支撑

登山绳在服装与人体上的缠绕是设计中最有趣的环节，功能性装备——登山绳作为本组服装设计的重点细节，具有功能与装饰的双重作用。

连身帽搭配大翻领的设计效果，构成包裹式功能羽绒服独特造型设计。

款式设计说明 05

耐磨防水连体服

领口处镭射透气
孔——装饰性与功
能性的结合

连帽设计魔术
贴固定，方便随
时防护和摘脱

臀部弧线开合
设计，满足功
能使用需求

膝盖安全护膝设计

裤缝线过片弧线设
计，满足膝盖弯曲，
符合人体工学

裤脚口内侧设
置伸缩结构，方
便穿脱登山鞋

**连体裤的不同
穿搭实验**

款式灵活性使服装有各种不同的穿法，设计不是停留在纸面上的工作，当服装穿在不同人的身上
时，可以呈现完全不同的效果，即穿着的方式直接影响服装的整体效果，因此搭配设计成为设计
中重要的一环。

受到高原藏区牧民半穿长袍的启发，设计师对连体裤进行了一系列不同穿搭效果的尝试。

卡扣式背带马甲与衬衫

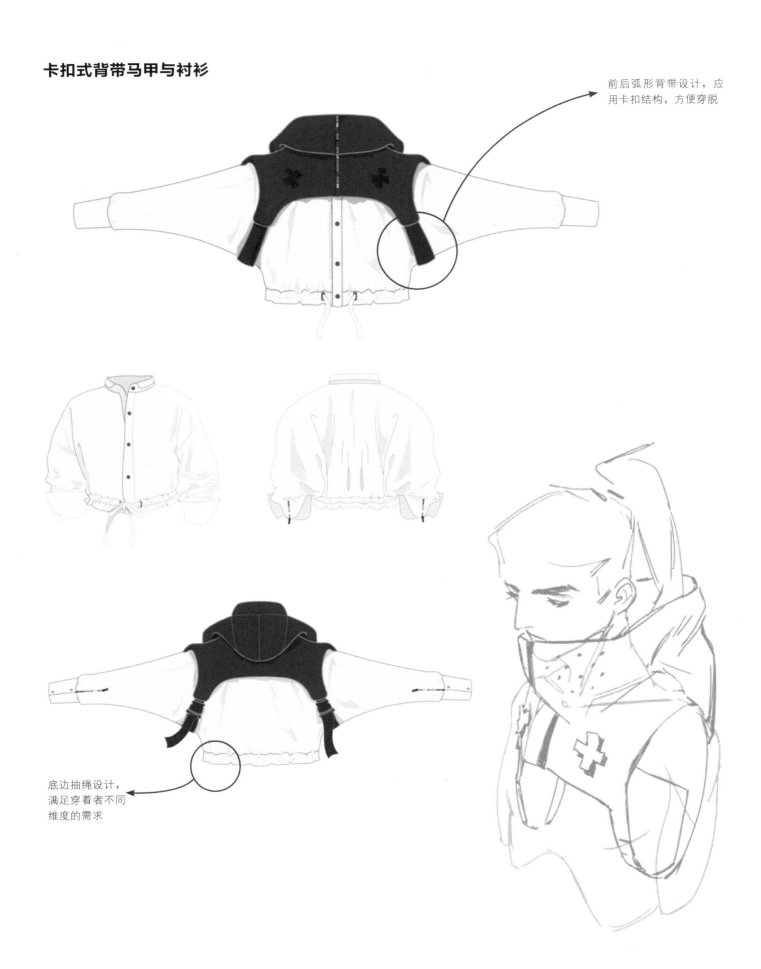

前后弧形背带设计，应用卡扣结构，方便穿脱

底边抽绳设计，满足穿着者不同维度的需求

服装是穿着在身上的作品，所以只有当穿着时，服装才能完成它的使命和价值，而怎么穿着服装也体现了一种思考。

连体冲锋裤可以套上袖子整体地穿戴，也可以绑在腰间，露出层次丰富的上衣，加强穿着的视觉效果。

款式设计说明06

红、绿松石的创新应用

红、绿松石是藏族人民常用的配饰元素，这里设计师将松石串成长及腰间的长链，与毛毡帽组织搭配。

不管是毛毡帽还是绿松石项链，都因为恰到好处的结合达到一种平衡的状态。

耐磨防水冲锋衣

帽子后中设置抽绳结构，可双向调节固定头部

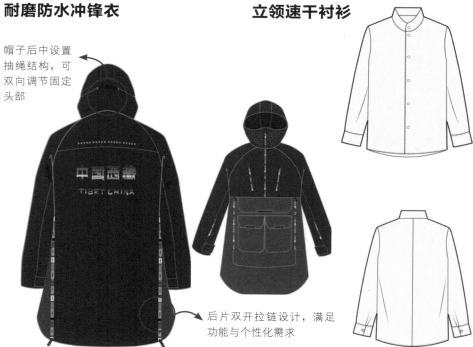

后片双开拉链设计，满足功能与个性化需求

立领速干衬衫

印花字体设计

以彩色羊毛毡做底，激光镭射雕刻藏体"中国西藏"，直接呼应设计主题。

羊毛开身短披肩

肩部设计双开拉链，可延展服装肩袖结构，给予更多廓型选择

耐磨防水冲锋裤

冲锋裤拉链细节设计在满足功能需求的同时，呼应设计主题。

服装丰富的层次感是设计师在设计过程中比较重视的环节，点线面之间如何去设计布局，需要不断地实验和构想，最终达到一种舒适自然的平衡。

苏 步

"当你拾起一个贝壳时，能不能只是单纯地看着它，享受它细致的美，而不去问这是什么动物的外壳？你能不能不带着任何念头去欣赏它？能不能跟话语底层的感觉共处？如果能做到，你就会发现超越时间的境界，那不知有夏季存在的早春。"

——克里希那穆提

为了保留对藏族服饰最直观的感受，设计师在前期考察过程中，刻意不去对服饰的文化背景和内涵做过多的考量，而只是对服装的色彩、质地、造型以及穿着方式进行深入的观察和捕捉，在完成初步设计构思和第一批草图后，才邀请当地民俗文化方面的专家交流座谈，结合实地调研，逐渐勾勒出这个系列更为详尽的设计方案。

在服饰文化的演化过程中，地理和自然环境总是起到决定性的作用。西藏特有的地理环境和自然风貌使得藏式建筑呈现出一种粗犷和厚重的质感，这种质感同样体现在藏族服饰和手工艺中。此系列设计就是先从这种质感入手，结合一些藏族服装特有的穿搭方式，形成以"层叠""褶皱"和"披挂"为主要视觉元素的外观。

粮

日期
Date

描述
Description

nature collection

page:

日期
Date

描述
Description

编号
No.

nature collection

page:

177

整个系列的色彩采用红和绿的强对比色，试图在不同款式间体现色彩变化的内在逻辑性，最
终在五套服装中实现从红色到绿色的过渡。

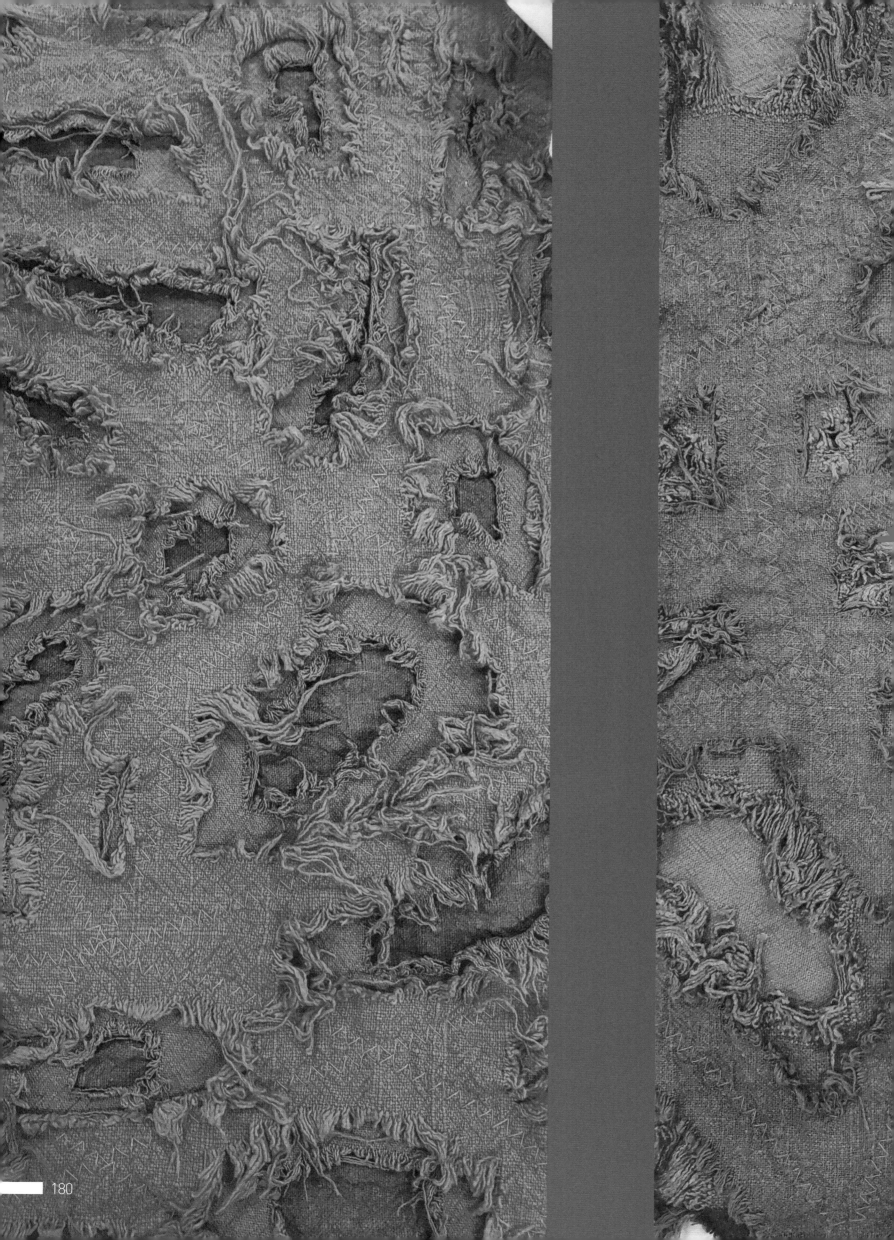

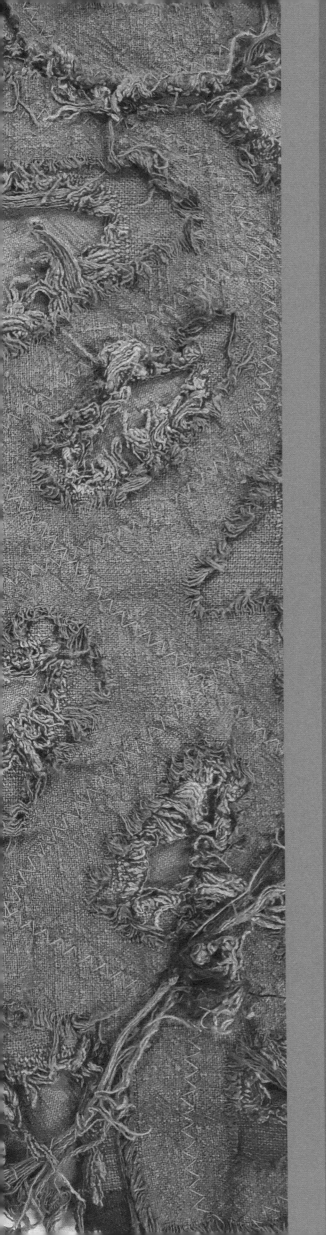
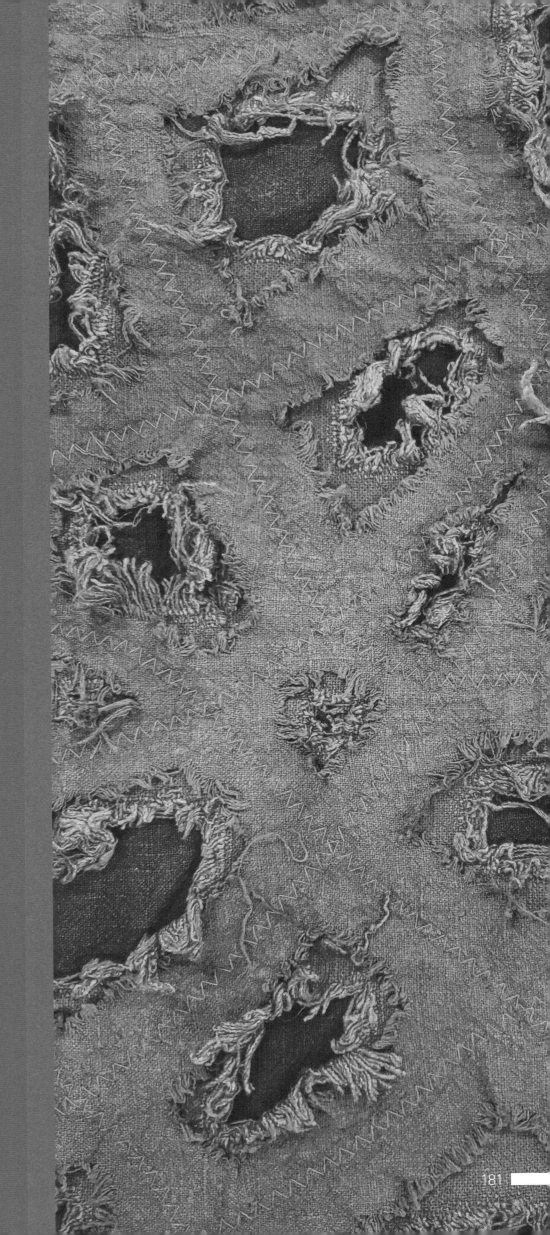

中间对接

下摆圆环形

往上提褶

孙雪飞
—

北京服装学院 ｜ 教授

研究方向
可持续性时尚设计
传统文化传承与创新设计
可穿戴产品设计

获得荣誉
第 22 届中国十佳服装设计师

我的设计是从西藏的自然地理以及人文风貌——雪山、冰川、湖泊、藏式建筑中吸取能量，然后将这种能量进行抽象转化，用艺术化的语言表达出来的过程。

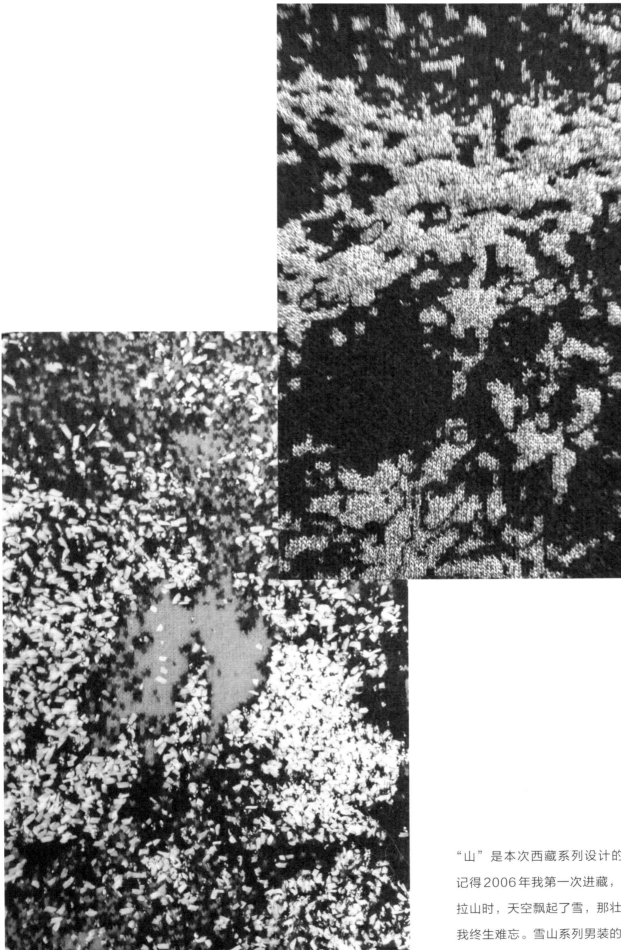

"山"是本次西藏系列设计的一大主题。记得2006年我第一次进藏，在翻越唐古拉山时，天空飘起了雪，那壮观的景象令我终生难忘。雪山系列男装的设计灵感就来源于此。

据地质考察证实，早在20亿年前，喜马拉雅山脉的广大地区是一片汪洋大海，它经历了漫长的地质时期。到早第三纪末期，地壳发生了一次强烈的造山运动，在地质学上称为"喜马拉雅运动"，使这一地区逐渐隆起，形成了世界上最雄伟的山脉。本系列男装腰带的装饰选择贝壳、珊瑚，其材质的合理性正是来源于此。

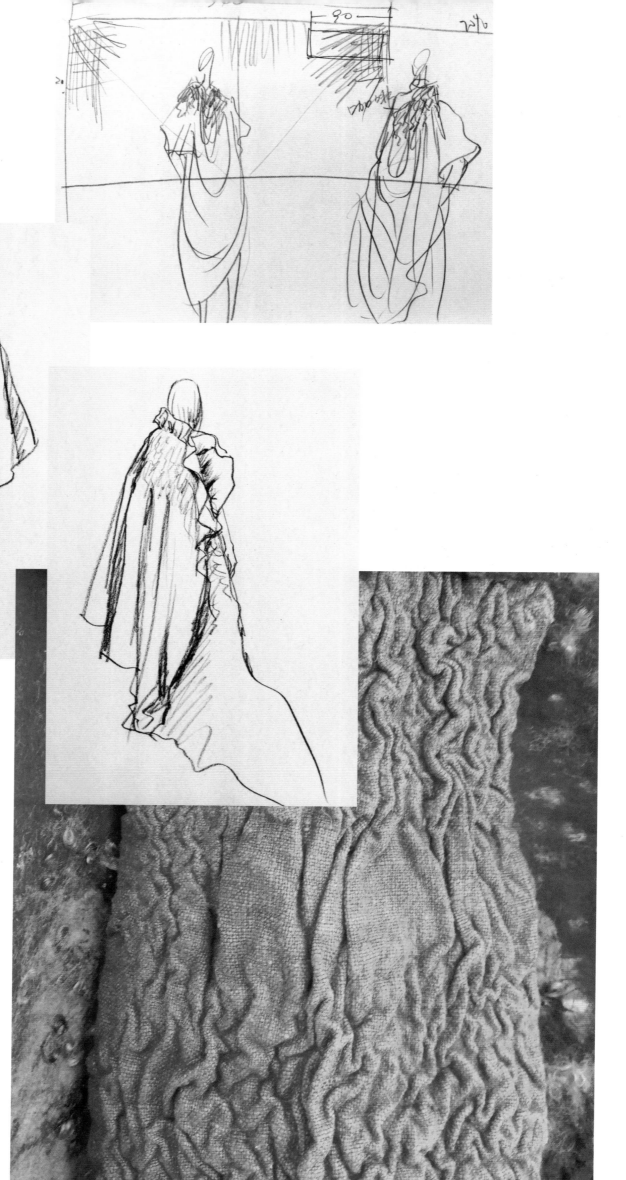

这是热缩羊毛面料实验
小样。水洗温度和水洗
时间不同，面料表面毡
化的程度不同，形成的
肌理不同。制作试验小
样的目的是计算面料的
缩水率，以便确定正式
成衣的水洗温度和水洗
时间。

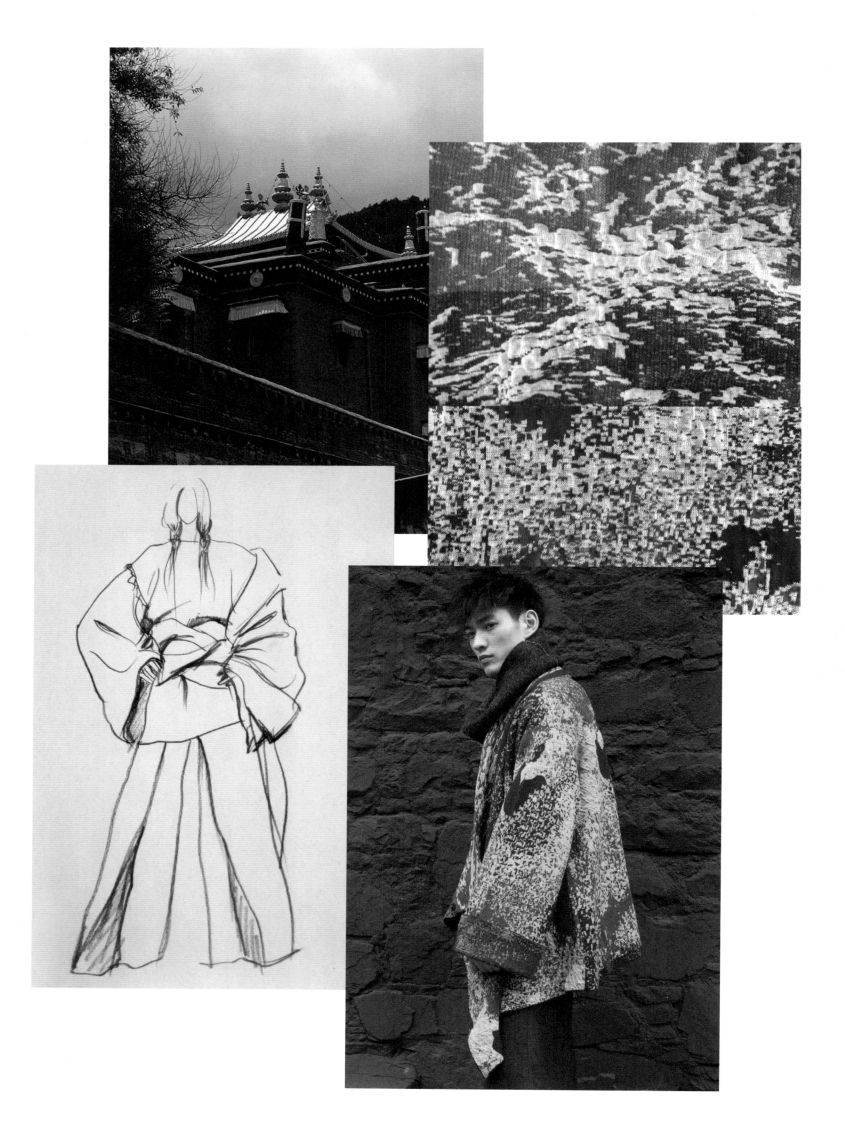

西藏林芝南伊沟原始森林的枯树、裸露
的树根、浓密的树影和肥沃的土地，都
是我进行面料设计的灵感来源。

为了能一睹"珠峰日出"的美景，凌晨3点我便起床出发去往珠峰大本营。颠簸在崎岖的山路上，拍摄到层叠的山峦，朵朵白云缭绕在雄奇珠峰的山腰。如此震撼的景象在我脑海中刻下了深深的烙印，也成为我十二年后再次创作西藏主题作品时面料设计的灵感来源。

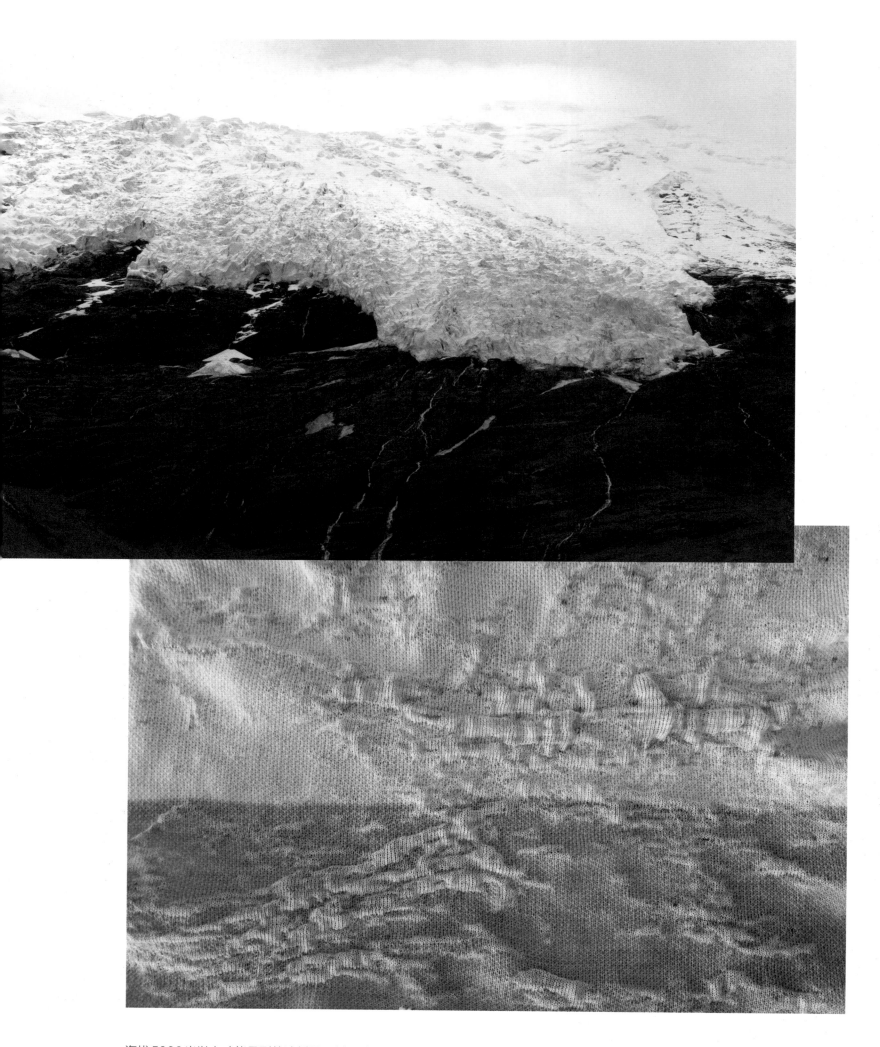

海拔5000米以上才能见到的冰川是面料设计的灵感来源。

此服装廓型灵感来自阿里普兰地区的孔雀服，
图为服装内结构模拟试验纸样和配饰细节。

整个系列承载着我行走西藏的记忆：从唐古拉山的飘雪，到圣城拉萨寺庙的红墙；从林芝南伊沟的原始森林，到去往珠峰山路上的壮观景致；从海拔5000米以上才能见到的冰川，一直到"千山之巅"——珠穆朗玛峰！

尤 珈

北京服装学院 ｜ 副教授

研究方向

传统文化创新

女装设计

大型活动服装设计

设计经历

2021年12月"中国风采"礼服方案被成功选为2022北京冬奥会中国体育代表团开闭幕式入场礼服

2021年6月作品"鸿运山水"被评为2022北京冬奥会和残奥会颁奖服装

2020年11月作品获2022北京冬奥会和冬残奥会制服装备视觉外观设计"银奖"

2019年8月中华人民共和国成立70周年志愿者服装设计师

2019年3月"全国第二届青年运动会"火炬手、护跑手、志愿者、采火圣女服装设计师

2015年中国音乐学院、北京舞蹈学院、中国戏曲学院、北京服装学院四校协同创新项目——大型舞剧《中华赋》服装设计师

2011年深圳第26届世界大学生夏季运动会颁奖礼服、升旗手服装设计师

设计作品奥运青花瓷颁奖礼服获2011年北京国际设计周年度设计奖

2009年中央军事委员会服务人员制服设计师

2009年人民大会堂礼仪人员制服设计师

2008年北京奥运会"青花瓷"颁奖礼服设计师

西藏印象

色彩灵感——雪山景观

圣洁的冈仁波齐山，在冬日的阳光下熠熠生辉

如今藏区比较知名的八座神山有：冈仁波齐（西藏阿里）、本日（也叫苯日神山，西藏林芝）、墨尔多（四川丹巴）、阿尼玛卿（青海玛沁）、雅拉（四川道孚康定丹巴）、尕朵觉沃（青海玉树）、喜马拉雅和卡瓦格博（云南德钦）。

时至今日，藏族人民对山的崇拜与敬仰仍然深入思想，对于转山而言，单纯地成为祈福的方式。藏族人民仍然深信，转山是为自己、为家人求福报的方式。

有的朝圣者是为了赎罪，但更多的朝圣者却是为了众生。每一位转山者都是心怀信仰、敬畏自然，不辞劳苦。

色彩灵感——舞动的经幡

一圈一圈的经幡架成伞状，给人以循环不息的力量感。

色彩灵感——布达拉宫和古朴的砖墙

古朴的砖砌墙体和木头墙体

色彩灵感——布达拉宫和古朴的砖墙

灵感来源——藏式建筑色达佛学院

色达，错落的美

提到藏传佛教，不得不提位于色达的佛学院，也就是众所周知的大片红房子。可想而知，这是怎样一种强大的信仰让这个民族的人民在这里建起这么多红房子。错落有致的红房子给人视觉上和心灵上的双重震撼。

错落有致的红房子，数量震撼

色达佛学院

主要材料——藏族手工氆氇面料

氆氇是用羊毛家织的毛料，实为手工织成的毛呢，也叫藏毛呢。藏族人民用它缝制衣裤和藏袍、藏帽、藏靴，这是西藏高原上最普遍、最常见、最有民族特点的穿着。

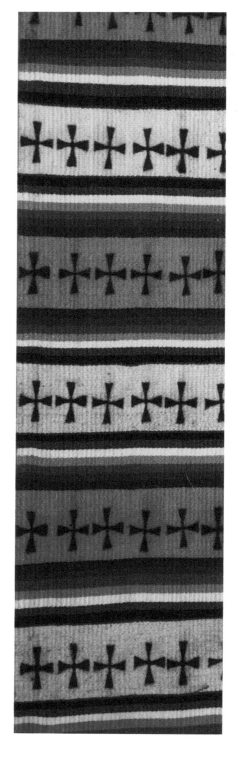

灵感来源——藏族传统服饰

灵感来源——编发与首饰

藏族女性的编发是一个非常经典的形象特点。

此外，她们用非常珍贵的、五彩缤纷的珠子和宝石串成的首饰也十分抢眼，倘若运用到妆容或者服装当中会呈现非常丰富的效果。

设计一

服装一体披挂式结构展现了雪域高原的轮廓气势。

不同质地的白色面料拼接，展现了不同的雪山因角度不同而呈现不同的光芒和色彩，也让服装更具层次感。

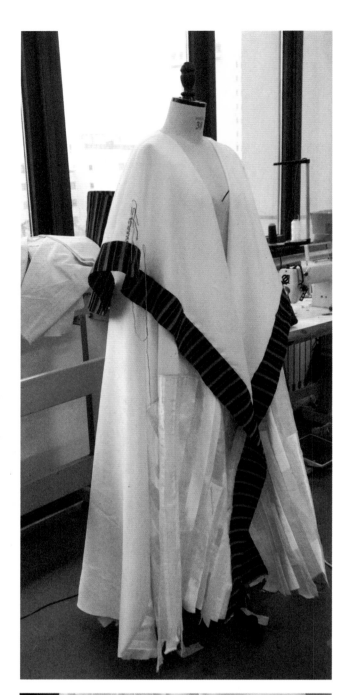

房子上的砖像线迹一样整齐排列，所以运用刺绣和编织等表现手法让服装更具感染力

设计二

运用氆氇拼接出丰富的几何造型，让氆氇的应用更加多元化，现代服装结构配上传统藏饰别具风貌。

设计三

将氆氇的图案重新拼接，让图案和服装结构有机结合，面料、图案、装饰都是传统的藏族元素，通过解构设计让它们呈现新的外观。

设计四

采用氆氇和现代服装结构的设计结合，传统藏饰为服装增添亮点。

设计五

双面羊绒面料，现代裁剪结构，多元素的组合搭配。

设计五

内 容 提 要

本书共集聚了八位北京服装学院的优秀服装设计师，通过考察西藏服饰与藏式建筑等，将获得的藏族服饰灵感进行藏式服装创新设计。书中详细阐述了设计师们在调研、收集信息、寻找灵感以及进行设计转化的全过程，旨在使广大读者能够充分理解更多有关服装设计的理念，并从中领会服装设计的多种表现形式和方法。

全书图文并茂、内容翔实，通过思维转化与时尚语言运用，对传统民族服饰进行突破和创新设计。图书内容针对性强，具有较高的学习和借鉴意义，是一部服装设计案例详解书籍，不仅适合高等院校的服装专业师生们进行学习，也可供服装从业人员、相关研究者参考使用。

图书在版编目（CIP）数据

藏式服装创意设计 / 张正学主编 . -- 北京：中国纺织出版社有限公司，2024.6

ISBN 978-7-5229-0291-3

Ⅰ. ①藏… Ⅱ. ①张… Ⅲ. ①藏族—服装设计 Ⅳ.
①TS941.742.814

中国国家版本馆CIP数据核字（2023）第018190号

责任编辑：李春奕　　责任校对：寇晨晨　　责任印制：王艳丽

中国纺织出版社有限公司出版发行

地址：北京市朝阳区百子湾东里 A407 号楼　　邮政编码：100124

销售电话：010—67004422　　传真：010—87155801

http://www.c-textilep.com

中国纺织出版社天猫旗舰店

官方微博 http://weibo.com/2119887771

北京华联印刷有限公司印刷　　各地新华书店经销

2024 年 6 月第 1 版第 1 次印刷

开本：710×1000　1/8　印张：33.5

字数：150 千字　定价：228.00 元

凡购本书，如有缺页、倒页、脱页，由本社图书营销中心调换